DUZHE CONGSHU

何以为家

读者杂志社 / 编

读者出版传媒股份有限公司
甘肃人民出版社
甘肃·兰州

图书在版编目（CIP）数据

何以为家 / 读者杂志社编 . -- 兰州 ：甘肃人民出
版社，2023.2（2024.9重印）
　ISBN 978-7-226-05864-0

　Ⅰ . ①何… Ⅱ . ①读… Ⅲ . ①家庭生活 — 普及读物
Ⅳ. ①TS976.3-49

中国版本图书馆CIP数据核字（2022）第170844号

出 版 人：刘永升
总 策 划：刘永升　马永强　李树军
项目统筹：侯润章　高茂林
策划编辑：李　霞　贾　真
责任编辑：王建华
封面设计：裴媛媛

何以为家

HEYIWEIJIA

读者杂志社　编

甘肃人民出版社出版发行

（730030　兰州市读者大道568号）

甘肃澳翔印业有限公司印刷

开本 710毫米×1000毫米　1/16　印张 15　插页 2　字数 194千
2023年2月第1版　2024年9月第3次印刷
印数：53001~55000

ISBN 978-7-226-05864-0　　定价：39.00元

目 录
CONTENTS

1

没有父亲的父亲节

蔡玉明

　　每年的父亲节，一定会给父亲打个电话，或是请他饮茶，或是请他吃顿饭。有时想带点父亲喜欢的小礼品，却懒得动手，便塞给老父三五百："爸，饮茶也好，做麻将本钱也好，输了算我的，赢了归你！"老父必定开心，笑声震耳。

　　这样的父亲节如今不再。

　　父亲是今年清明去的。去得匆匆，从进医院到去世，仅仅十五天。当他的心电图呈一条直线时，天上雷雨大作，我在风雨中送父亲进太平间，天地与我同哭。

　　之后，每一个清晨，我想起的第一个人就是父亲。撕去五月的日历，我想到父亲节，竟不堪重负，夜夜失眠，着着实实地在床上躺了十天。期间迷迷糊糊发高烧，脑子里不断重演和父亲在一起的一幕一幕往事。父亲节前一天，我半夜起来，在房里转悠来转悠去，挑了一堆父亲喜欢的东西：铁观音茶、人参丸、深海鱼油……下意识是要送给父亲过节的。礼物办齐，大哭了一场。物是人非，父亲节的礼物，连同"Happy Father's Day！"如今还可赠与谁？我始终不肯接受，今年的父亲节我已没有了父亲！

而且，以后所有的父亲节，我也不会再有父亲。

有父亲的时候，不觉得父亲节有什么特别，总是马虎，图省时省力。没有了父亲，一想起，就觉得父亲节多伟大、多重要，应该为父亲花一整天、花一个月。从来没有为父亲过过一个隆重的父亲节，是我的终生之憾！

世上有一百种人，便有一百种父爱。父亲爱我，爱得世上绝无仅有。在他的眼中，女儿就是一个地球，一个宇宙。女儿仅是一介书生，以笔为生，在父亲眼中，却如此神圣。怜惜女儿钱财的父亲有的是，但连同女儿的时间、精力都怜惜的父亲唯我独有。

每次回家看父亲，吃完饭就想多聊一会儿。父亲总说："晚了，快回家，明天你还要上班。爸知道你忙，回来吃个饭就好。"

母亲急忙唠叨："哪有这样的爸，赶女儿走。"

父亲总瞪着母亲说："你不知道女儿忙，时间金贵？"

母亲不晓得父亲的一番情意，我却深深领情。

让我难受的是每次打电话给父亲问安，还没开口，他就抢话："玉明，别太拼命，工夫长过命。爸总担心你的身体，别太累。好了，你别煲电话粥了，爸知道你心中有爸。"啪，电话挂了。

七年前，我婆婆去世，剩下老公公一人。公公一辈子由婆婆伺候，连电饭煲也不会用。我和先生天天两头跑，给公公做饭。退休在家的父亲知道了，主动请缨，由他陪公公住。父亲原先在工厂大小也是个官，却天天不耻躬身，为我公公做饭、洗衣甚至端洗脚水。去年，公公老年痴呆症发作，走丢了好几回，我们无奈，只得把公公送回乡下。此时父亲已是肺气肿、哮喘、高血压等多病缠身，却不放心公公，陪他到乡下住了一个多月。

父亲去了那个遥远闭塞的小村庄，最令我难受的是父亲的"工作汇报"：

"噢，爷爷尿尿，整个房子都有一股味。我用洗洁精刷了，还喷了花露水，现在一点味也没有了……"

"我今天骑单车到圩里，给爷爷买早餐，哈哈，他吃得很开心……"

其实，我在乡下请了专人看护公公，这些活用不着老父去做。我跟父亲讲一百遍这样的道理，一百遍都是白讲。终于有一天，乡下来了电话，才知差点儿出了大事。

父亲给我解释说，他只是想用轮椅推爷爷去圩里喝茶，因为爷爷很久没出去喝茶了。他真的没料到，推到半路，哮喘发作，双双让人家救回村子……

我拿着话筒的手在颤抖。我真的不敢想下去，加起来一百五十多岁的两个老人，一个哮喘，一个痴呆，搁在前不着村后不着店的乡间路上会有什么结果。

父亲听我半天没说话，像做了错事的小孩一样，小心翼翼地说："玉明，让你受惊了？吓着你了？都是爸不好，老了，不中用了……"我抽搭着，说不出一句完整的话："不，爸爸，谢谢你。我知道，你是为我去做的，只是你不能有事的……"

所有认识我公公的人，都说公公命好，有这么一门好亲家。只有我心中清楚，父亲所做的一切，全是为我。此心此情，我无以为报。去年年底，父亲中风住院，我陪护。在那个灰暗的阴风飕飕的急诊室，父亲挣扎着坐起来，向我一一交代后事。我紧紧拉着老父满是青筋的手，生怕一放松，就真的没有了父亲。我哭着骂他："胡说什么！爸，你命长着呢，好多福还没享，至少女儿还没认真孝敬过你，你舍得走，舍得女儿难受？"

父亲两行浊泪横流。

父亲病情稳定后，我又赶上出差。千里之外，夜夜难眠，只求上天保佑我父。

上天真保佑我，父亲好得出奇，原来不灵活的手脚，竟好得一点后遗症也没有。爸出院时拍了个 CT 片，医生说，从片子看没有血栓迹象，恐怕不是脑血栓。

没想到不出半年，老父再度中风，而且并发肺心病。父亲入院的第二天，我就在病危通知书上签了字。拿着病危通知，我失魂落魄地开始骂自己：多年来劳碌奔波，为小家庭，为小女儿，却极少顾及老父亲。觉悟已晚，只好拼命补偿，天天跑医院，挤出每一分钟陪父亲。

每次到病房，看着插着氧气管、食管、尿管、针管的父亲，我心如刀绞。我趴在老父的耳边叫：爸，玉明来了，我是玉明……

父亲努力睁开眼看我。他已不能说话，我们对望着，千言万语，尽在眼中。

父亲临走前两天，突然好转。我带女儿去看他。老父指着我的手袋，我忙把纸笔递给他。他在纸上画了大半天，终不成字。大哥干过公安，有经验，猜测了半天，认为是"不要浪费"四字。

我问父亲是否此意，父亲点头。

哥说，父亲不想我们为他花那么多医药费。

我知道，除了这层意思，父亲还怕我天天跑医院，浪费太多时间，太劳累。

其实我应该内疚。明知老父已风烛残年，还让他为我操那么多心，我又曾为父亲做了什么？以为给老父三五百元，以为给老父买这买那，就是孝顺，多么的愚蠢！其实我最欠的，是给父亲时间，多陪着他，说个亲热话，做些开心事。

悔之已晚。去年觉悟了，想带父亲到英国走走，看看小妹。谁料工作太忙，拖拖拉拉，手续办了半年都没办好，父亲的身体却每况愈下，已经无法出远门。更改计划，去香港吧！母亲一再声明，父亲其实走路已经很艰难，绝对游不了香港。于是大哥出了个主意：香港游不了，去澳门一天，小澳门，不需要走路。结果旅游票还没买，父亲就一病不起，撒手人寰。父亲带走我多少遗憾，留下多少我无法偿还的心债！

（摘自《读者》2010年第7期）

老夫老妻

冯骥才

他们俩又吵架了。年近七十岁的老夫老妻，相依为命地生活了四十多年。大大小小的架，谁也记不得吵了多少次。但是不管吵得如何热闹，最多不过两小时就能和好。他俩仿佛倒在一起的两杯水，吵架就像在这水面上划道儿，无论划得多深，转眼连条痕迹也不会留下。

可是今天的架吵得空前厉害，起因却很平常——就像大多数夫妻日常吵架那样，往往是从不值一提的小事上开始的——不过是老婆子把晚饭烧好了，老头儿还趴在桌上通烟嘴，弄得纸片呀，碎布条呀，粘着烟油子的纸捻子呀，满桌子都是。老婆子催他收拾桌子，老头儿偏偏不肯动。老婆子便像一般老太太们那样叨叨起来。老婆子们的唠唠叨叨是通向老头儿们肝脏里的导火线，不一会儿就把老头儿的肝火引着了。两人互相顶嘴，翻起许多陈年老账，话愈说愈狠。老婆子气得上来一把夺去烟嘴塞在自己的衣兜里，惹得老头儿一怒之下，把烟盒扔在地上，还嫌不解气，手一撩，又将烟灰缸打落在地上。老婆子更不肯罢休，用那嘶哑、干巴巴的声音喊：

"你摔呀！把茶壶也摔了才算有本事呢！"

老头儿听了，竟像海豚那样从座椅上直蹿起来，还真的抓起桌上沏满热茶的大瓷壶，用力"啪"地摔在地上，老婆子吓得一声尖叫，看着满地的碎瓷片和溅在四处的水渍，直气得她冲着老头大叫：

"离婚！马上离婚！"

这是他们俩都还年轻时，每次吵架吵到高潮，她必喊出来的一句话。这句话头几次曾把对方的火气压下去，后来由于总不兑现便失效了。六十岁以后她就不再喊这句话了。今天又喊出来，可见她已到了怒不可遏的地步。

同样的怒火也在老头儿的心里翻腾着。只见他一边像火车喷气那样从嘴里不断发出声音，一边急速而无目的地在屋子中间转着圈。他转了两圈，站住，转过身又反方向转了两圈，然后冲到门口，猛地拉开门跑出去，还使劲带上门，好似从此一去就再不回来了。

老婆子火气未消，站在原处，面对空空的屋子，还在不住地出声骂他。骂了一阵子，她累了，歪在床上，一种伤心和委屈爬上心头。她想，要不是自己年轻时得了那场病，她会有孩子的。有了孩子，她可以同孩子住去，何必跟这愈老愈混账的老东西生气？可是现在只得整天和他在一起，待见他，伺候他，还得看着他对自己耍脾气……她想得心里酸不溜秋，几滴老泪从布满细密皱纹的眼眶里溢了出来。

过了很长时间，墙上的挂钟当当响起来，已经八点钟了。正好过了两个小时。不知为什么，他们每次吵架过后两小时，她的心情就非常准时地发生变化，好像节气一进"七九"，封冻河面的冰就要化开那样。刚刚掀起大波大澜的心情渐渐平息下来，变成浅浅的水纹。"离婚！马上离婚！"她忽然觉得这话又荒唐又可笑。哪有快七十的老夫老妻还闹离婚的？她不禁"扑哧"一下笑出声来。这一笑，她心里一点皱褶也没了，之前的怒意、埋怨和委屈也都没了。她开始感到屋里空荡荡的，还有一种如同激战过后的战地那样的出奇的安静，静得叫人别扭、空虚，没着没落的。于是，悔意便悄悄浸进她的心中。像刚才那么点儿小事还值得吵闹吗？——她每次吵过架冷静下来时都要想到这句话。可是……老头儿也应该回来了。他们以前吵架，他也跑出去过，但总是一个小时左右就悄悄回来了。但现在已经两个小时了仍没回来。外边正下大雪，老头儿没吃晚饭，没戴帽子、没围围巾就跑出去了，地又滑，瞧他临出门时气冲冲的样子，不会一不留神滑倒摔坏了吧？想到这儿，她竟在屋里待不住了，用手背揉揉泪水干后皱巴巴的眼皮，起身穿上外衣，从门后的挂衣钩上摘下老头儿的围巾、棉帽，走出了房子。

雪正下得紧。夜色并不太暗。雪是夜的对比色，好像有人用一支大笔蘸足了白颜色，把所有树枝都复勾了一遍，使婆娑的树影在夜幕上白茸茸、远远近近、重重叠叠地显现出来。于是这普普通通、早已看惯了的世界，顷刻变得雄浑、静穆、高洁，充满鲜活的生气了。

一看到这雪景，她突然想到她和老头儿的一件遥远的往事。

五十年前，他们同在一个学生剧团。她的舞跳得十分出众。每次排戏回家晚些，他都顺路送她回家。他俩一向说得来，却渐渐感到在大庭广众之下有说有笑，在两人回家的路上反而没话可说了。两个人默默地走，路显得分外长，只有脚步声，真是一种甜蜜的尴尬呀！

她记得那天也是下着大雪，两人踩着雪走，也是晚上八点来钟，她担心而又期待地预感到他这天要表示些什么了。在河边的那段宁静的路上，他突然仿佛抑制不住地把她拉到怀里。她猛地推开他，气得大把大把抓起地上的雪朝他扔去。他呢？竟然像傻子一样一动不动，任她把雪打在身上，直打得他像一个雪人。她打着打着，忽然停住了，呆呆看了他片刻，忽然扑到他身上。她感到，有种火烫般的激情透过他身上厚厚的雪传到她身上。他们的恋爱就这样开始了——从一场奇特的战斗开始的。

多少年来，这桩事就像一张画儿那样，分外清楚而又分外美丽地收存在她心底。曾经，每逢下雪天，她就不免想起这桩醉心的往事。年轻时，她几乎一见到雪就想到这事；中年之后，她只是偶然想到，并对他提起，他听了总要会意地一笑，随即两人都沉默片刻，好像都在重温旧梦；自从他们步入风烛残年，即使下雪天也很少再想起这桩事了。但为什么今天它却一下子又跑到眼前，分外新鲜而又有力地来撞击她的心？

现在她老了。她那一双曾经蹦蹦跳跳、分外有劲的腿，如今僵硬而无力。常年的风湿病使她的膝总往前屈着，雨雪天气里就隐隐作痛；此刻在雪地里，她每一步踩下去都是颤巍巍的，每一步抬起来都十分费力。一不小心，她滑倒了，多亏地上是又厚又软的雪。她把手插进雪里，撑住地面，艰难地爬起来，就在这一瞬间，她又想起另一桩往事——

啊！那时他俩刚刚结婚，一天晚上去平安影院看卓别林的《摩登时代》。散场出来时外面一片白，雪正下着。那时他们正陶醉在新婚的快乐里。瞧那风里飞舞的雪花，也好像在给他们助兴，满地的白雪如同他们的心境那样纯净明快。他们走着，又说又笑，接着高兴地跑起来。但她脚下一滑，跌倒在雪地里。他跑过来伸给她一只手，要拉她起来。她却一打他的手：

"去，谁要你来拉！"

可现在她多么希望身边有一只手，希望老头儿在她身边！虽然老头儿也老而无力了，一只手拉不动她，要用一双手才能把她拉起来。那也好！总比孤孤单单一个人好。她想到楼上邻居李老头，老伴早早就去世了。尽管有个女儿婚后还同他住在一起，但平时女儿、女婿都上班，家里只剩李老头一人。星期天女儿、女婿带着孩子出去玩，家里依旧剩李老头一人——年轻人和老年人总是有距离的。年轻人应该和年轻人在一起玩，老人得有老人伴。

真幸运呢！她这么老，还有个老伴。四十多年两人如同形影紧紧相随。尽管老头儿性子急躁，又固执，不大讲卫生，心也不细，却不失为一个正派人，一辈子没做过亏心的事。在那道德沦丧的非常岁月里，他也没丢弃自己奉行的做人原则。她还喜欢老头儿的性格——真正的男子气派，一副直肠子，不懂得与人记仇记恨。粗线条使他更富有男子气……她愈想，老头儿似乎就愈可爱了。如果她的生活里真丢了老头儿，会变成什么样子？多少年来，尽管老头儿夜里如雷一般的鼾声常常把她吵醒，但只要老头儿出差在外，身边没有鼾声，她反而睡不着觉，仿佛世界空了一大半……

她在雪地里走了一个多小时，大概快十点钟了，街上已经没什么人了，老头儿仍不见，雪却稀稀落落下小了。她的两脚在雪地里冻得生疼，膝盖更疼，步子都迈不动了，只有先回去，看看老头儿是否已经回家了。

她往家里走。快到家时，她远远看见自己家的灯亮着，有两块橘黄色的窗形的光投在屋外的雪地上。她的心怦地一跳：

"是不是老头儿回来了？"

她又想，是她刚才临出家门时慌慌张张忘记关灯了，还是老头儿回家后打开的灯？

走到家门口，她发现有一串清晰的脚印从西边而来，一直拐向她家楼前的台阶前。这是老头儿的吧？

她走到这脚印前弯下腰仔细地看，却怎么也辨认不出那是不是老头儿的脚印。

"天呀！"她想，"我真糊涂，跟他生活一辈子，怎么连他的脚印都认不出来呢？"

她摇摇头，走上台阶打开楼门。当将要推开屋门时，她心里默默地念叨着："愿我的老头儿就在屋里！"这心情只有在他们五十年前约会时才有过。

屋门推开了，啊！老头儿正坐在桌前抽烟。地上的瓷片都被扫净了。炉火显然给老头儿捅过，呼呼烧得正旺。顿时有股甜美而温暖的气息，把她冻得发僵的身子一下子紧紧地攥住。她还看见，桌上放着两杯茶，一杯放在老头儿跟前，一杯放在桌子另一边，自然是斟给她的……老头儿见她进来，抬起眼看她一下，跟着又温顺地垂下眼皮。在这眼皮一抬一垂之间，闪出一种羞涩、发窘、歉意的目光。这目光给她一种说不出的安慰。

她站着，好像忽然想到什么，伸手从衣兜里摸出之前夺走的烟嘴，走过去，放在老头儿跟前。什么话也没说，赶紧去给空着肚子的老头儿热菜热饭，再煎上两个鸡蛋……

（摘自《读者》2011年第6期）

永恒的母亲

三 毛

　　我的母亲——缪进兰女士，在19岁高中毕业那一年，经过相亲，认识了我的父亲。那是发生在上海的事情。当时，中日战争已经开始了。

　　在一种半文明式的交往下，隔了一年，也就是在母亲20岁的时候，她放弃了进入沪江大学新闻系就读的机会，嫁给父亲，成为一个妇人。

　　婚前的母亲是一个受着所谓"洋学堂"教育长大的当代女性。不但如此，因为她生性活泼好动，还是高中篮球校队的一员。嫁给父亲的第一年，父亲不甘生活在沦陷区里，于是暂时与怀着身孕的母亲分别，独自一个远走重庆，在大后方开展律师业务。那一年，父亲27岁。

　　等到姐姐在上海出生之后，外祖父母催促母亲到大后方去与父亲团聚。就在那个年纪，一个小妇人怀抱着初生的婴儿，离别了父母，也永远离开了那个做女儿的家。

母亲如何在战乱中带着不满周岁的姐姐由上海长途跋涉到重庆，永远是我们做孩子的百听不厌的故事。我们没有想到过当时母亲的心情以及毅力，只把这一段往事当成好听又刺激的冒险故事来对待。

等到母亲抵达重庆的时候，伯父伯母以及堂哥堂姐一家也搬来了。从那时候开始，母亲不但为人妻，为人母，也同时尝到了在一个复杂的大家庭中做人的滋味。

虽然母亲生活在一个没有婆婆的大家庭中，但因为伯母年长很多，"长嫂如母"这四个字，使得一个活泼而年轻的妇人，在长年累月的大家庭生活中，一点一滴地磨掉了她的性情和青春。

记忆中，我们这个大家庭直到我念小学四年级时才分家。其实那也谈不上分家，祖宗的财产早已经流失。所谓分家，不过是我们离开了大伯父一家人，搬到一幢极小的日式房子里去罢了。

那个新家，只有一张竹做的桌子，几把竹板凳，一张竹做的大床，那就是一切了。还记得搬家的那一日，母亲吩咐我们几个孩子各自背上书包，父亲租来一辆板车，放上了我们全家人有限的衣物和棉被，母亲一手抱着小弟，一手帮父亲推车。母亲临走时向大伯母微微弯腰，轻声说："缠阮，那我们走了。"

记忆中，我们全家人第一次围坐在竹桌子四周开始在新家吃饭时，母亲的眼神里，多出了那么一丝亮光。虽然吃的只是一锅清水煮面条，而母亲那份说不出的欢喜，即使作为一个很小的孩子，也分享到了。

童年时代，很少看见母亲在大家庭里有什么表情。她的脸色一向安详，但在那安详的背后，总有一种巨大的茫然。即使母亲不说我也知道，她是不快乐的。

父亲一向是个自律很严的人。在他年轻的时候，我们小孩一直很尊敬他，甚至怕他。这和他的不苟言笑有着极大的关系。然而，父亲却是尽责的，他的慈爱并不明显，可是每当我们孩子打喷嚏，而父亲在另一个房间时，就会传来一句："是谁？"只要那个孩子应了问话，父亲就会走过来，给一杯热水喝，然后叫我们都去加衣服。对于母亲，父亲亦是如此，淡淡的，不同她多讲什么，即使是母亲的生日，也没见他有过比较热烈的表示。但我明白，父亲和母亲是要好的，我们四个孩子，也是受疼爱的。

许多年过去了，我们四个孩子如同小树一般快速地成长着。在那一段日子里，母亲讲话的声音越来越高昂，好似她生命中的光和热，在那个时候才渐渐有了去处。

等我上了大学，对于母亲的存在以及价值，又开始重做评价。记得放学回家来，看见总是在厨房里的母亲，我突然脱口问道："姆妈，你念过尼采没有？"母亲说没有。又问："那叔本华、康德呢？还有黑格尔、笛卡儿……这些哲人你难道都不晓得？"母亲说不晓得。我呆看着她转身而去的背影，一时感慨不已，觉得母亲居然是这么一个没有学问的女人。我有些发怒，向她喊："那你去读呀！"这句喊叫，被母亲的炒菜声挡掉了。我回到房间去放书，却听见母亲在叫："吃饭了，今天都是你喜欢的菜。"

又是很多年过去了，当我自己也成了家庭主妇，开始照着母亲的样式照顾丈夫时，握着那把锅铲，回想起青年时代自己对母亲的不敬，这才升起了补也补不回来的后悔和悲伤。

以前，母亲除了东南亚之外，没有去过其他的国家。8年前，父亲和母亲排除万难，飞去欧洲探望外子与我的时候，是我的不孝，给了母亲一场心碎的旅行。外子的意外死亡，使得父亲、母亲一夜之间白了头发。更有讽刺意味的是，母女分别了13年的那一个中秋节，我们却正在埋葬一个亲爱的家人。这万万不是存心伤害父母的行为，却使我今生今世一想起那父母的头发，就要泪湿满襟。

　　出国20年后的今天，终于再度回到父母的身边。母亲老了，父亲老了，而我这个做孩子的，不但没有接下母亲的那把锅铲，反而因为杂事太多，间接地麻烦了母亲。虽然这么说，但我还是明白，我的归来对父母来说仍是极大的喜悦。也许，今生带给他们最多眼泪、最大快乐的孩子就是我了。

　　母亲的一生看起来平凡，但她是伟大的。在这40多年与父亲结合的日子里，我从来没有看到一次她发怨气的样子。她是一个永远不生气的母亲，这不是因为她脆弱，相反的，这是她的坚强。40多年来，母亲生活在"无我"的意识里，她就如一棵大树，在任何风雨里，护住父亲和我们四个孩子。她从来没有讲过一次爱父亲的话，可是，父亲推迟回家吃晚餐时间的时候，母亲总是叫我们孩子们先吃。而她自己硬是饿着，等待父亲归来。岁岁如是。

　　母亲的腿上，好似绑着一条无形的带子，那一条带子的长度，只够她在厨房和家中其他地方走来走去。大门虽然没有上锁，她心里的爱，却使她心甘情愿把自己锁了一辈子。

　　母亲总认为她爱父亲胜于父亲爱她。我甚至曾经在小时候听过一次母亲的叹息，她说："你们的爸爸，是不够爱我的。"也许当时她把我当成一个小不点，才说了这句话。她万万不会想到，这句话，钉在我的心里半生，存在着拔不去那根钉子的痛。

　　那是九年前吧，小弟的终身大事终于在一场喜宴里完成了。那一天，父亲当着全部亲朋好友的面以主婚人的身份讲话。当全场安静下来的时候，父亲望着他最小的儿子——那个新郎，开始致辞。

　　父亲要说什么话，母亲事先并不知道。他娓娓动听地说了一番话，感谢亲戚和朋友莅临儿子的婚礼。最后，他又话锋一转说道："我同时要深深感谢我的妻子，如果不是她，我不能够得到这四个诚诚恳恳、正正当当的孩子；如果不是她，我不能够拥有一个美满的家庭……"

当父亲说到这里时，母亲的眼泪夺眶而出，她站在众人面前，任凭泪水奔流。那时，在场的人全都湿着眼睛，站起来为他的讲话鼓掌。我相信，母亲一生的辛劳和付出，终于在父亲对她的肯定里，得到了全部的回报。我猜想在那一刻里，母亲再也没有了爱情的遗憾。而父亲，这个不善表达的人，在一场小儿子的婚礼上，讲尽了他一生所不说的家庭之爱。

这几天，每当我匆匆忙忙由外面赶回家吃晚餐时，总是望着母亲那拿了一辈子锅铲的手发呆。就是这一双手，把我们这个家管了起来。就是那条围裙，系上又放下，没有缺过我们一顿饭菜。就是这一个看上去年华渐逝的妇人，将她的一生一世，毫无怨言、更不求任何回报地交给了父亲和我们这些孩子。

这样来描写我的母亲是万万不够的。母亲在我的心目中，是一位真真实实的守望天使，我只能描述她小小的一部分。

回想到一生对于母亲的愧疚和爱，回想到当年念大学时看不起母亲不懂哲学书籍的罪过，我恨不能就此在她面前向她请求宽恕。可我想对她说的话，总是卡在喉咙里讲不出来。想做一些具体的事情回报她，又不知做什么才好。今生唯一的孝顺，好似只有努力加餐来讨得母亲的欢心。而我常常在心里暗自悲伤。新来的每一天，并不能使我欢喜，那表示我和父亲、母亲的相聚又减少了一天。不免想到"孝子爱日"这句话。我虽然不是一个孝子，可也同样珍惜每一天与父母相聚的时光。但愿借着这篇文章的刊出，使母亲读到我说不出来的心声。想对母亲说：真正了解人生的人，是你；真正走过那么长路的人，是你；真正经历过那么多沧桑、也全然用行为解释了爱的人，也是你。

在人生的旅途上，母亲所赋予生命的深度和广度，没有一本哲学书籍能够相比。

母亲啊母亲，我亲爱的姆妈，你也许还不明白自己的伟大，你也许还不知道在你女儿的眼中，在你子女的心里，你是源，是爱，是永恒。

你也是我们终生追寻的道路、真理和生命。

（摘自《读者》2011年第13期）

犬子在，不远游

蔡春猪

吾儿喜禾：

这封信本来打算在你18岁的时候给你写的。现在，提前了16年。提前16年写的好处是：有16年的时间来修改、更正、增补；坏处是：16年里都得不到回信。

吾儿，我都能想到你收到这封信时的反应——你撕开信封，扯出信纸，然后再撕成一条一条的，放进嘴里咽下去。你这么做，我认为原因有三：一、信的内容让你生气了；二、你不识字；三、你患有自闭症，撕纸就是你的一个特征。

一年365天，每天都差不多，但是因为有人在某天出生、上大学、结婚、生子……那一天就区别于另外的364天，有了纪念意义。吾儿，你也一样，在你的生日之外，还有一天，对你父亲和整个家庭来说，都意义重大，让你父亲的人生方向来了一个180度的大转弯——那天，你被诊断为自闭症，你才两岁过了6天。

那天凌晨两点，我就和你母亲去医院排队挂号。农历新年刚过，还是冬末，你母亲穿了两件羽绒衣还冻得瑟瑟发抖。

在寒风中站到6点，你母亲继续排队，我开车回家去接你。到家把你弄醒后，带上你的姥姥，我们又匆匆赶回医院。那天你真可爱，一路上"咯咯"笑个不停，一点都不像个有问题的孩子。

你都两岁了，还不会说话，没叫过爸爸妈妈，不跟小朋友玩，也不玩玩具；叫你名字你从来都没反应，就像个聋子一样，但你耳朵又不聋；你对你的父母表现得一点感情都没有，很伤我们的心。你成天就喜欢进厨房，提壶盖拎杯盖的，看见洗衣机就像看见你的亲爹。你这个样子我怎么能放下心？

到了医院才知道，你母亲差点白排一晚上队了，中间进来几个加塞儿的眼看要把你母亲挤掉。你母亲急了，撂下一句狠话：如果我今天看不成病，你们谁也别想看成！你母亲字正腔圆的东北话发挥了威力。

吾儿，在大厅候诊的时候我们很后悔，怎么带你到这个地方来了？一个十来岁的女孩一直都很文静，却突然大声唱起"老鼠爱大米"；一个七八岁的男孩一直在揪自己的头发——揪不下来就说明不是假发，但还要揪；还有一个十来岁的男孩一直在候诊室晃荡，不时笑几声，笑得让人发毛……北大六院是个精神病医院，我们不该带你来这个地方的。

好在很快就轮到我们了。你像是有所感觉，开始哭起来，死活不肯进诊室。吾儿，医生其实没那么可怕，医生也抠鼻孔，刚才我闲逛时看到的。

给你检查的医生是个专家，我们凌晨两点来排队就是想给你找最好最权威的医生来诊。专家确实是专家，跟我们说的第一句话就很不一样：

等一会儿，我接个电话。专家讲电话也很有风格，干脆简短：不卖！以后别给我打电话了，烦不烦……

但是我希望专家跟我们说话还是别太简短了，最好婆婆妈妈多问几句——我们凌晨两点就来排队，不能几句话就给打发了。

专家问了你很多，但我们都代劳了。你太不喜欢说话了，以听得懂为标准，迄今为止你还没有说过一句话。

专家还拿了一张表，让我们在上面打钩打叉。表上列了很多问题，例如是不是不跟人对视、对呼唤没有反应、不玩玩具……符合上述特征就打钩。吾儿，每打一个钩都是在你父母心上扎一刀。你也太"优秀"了吧，怎么能得那么多钩？！

专家说，你是高功能低智能自闭症——吾儿，你终于得到一个叉了，还是一个大叉，叉在你名字上——你的人生被否决了，你父母的人生也被否决了。

专家说完，你母亲说了三个字："就是说……"就是说什么啊，就是说可以高高兴兴去吃早餐了？就是说将来不用为上重点小学发愁了？就是说希望在人间？还是就是说：医生，吓人是不符合医德的哦。

吾儿，你母亲当时只说出了"就是说"三个字，之后就开始哭了。专家拿出了人道主义精神说："也不是完全没有希望。"

我问专家："自闭症是什么原因造成的？"专家说了很多很多，什么神经元，什么脑细胞……我不想知道这些医学术语，我对专家说："您就简单说吧。"专家去繁就简，一言二字："未知。"那怎么医治呢？专家曰："无方！"

吾儿，你知道"绝望"有几种写法吗？你知道"绝望"有多少笔画吗？吾儿，你还不识字，将来你识字了，我希望你不需要知道这两个字有几种写法，有多少笔画，你的人生永远不需要用这两个字来表述。

专家说你这是先天的，病因未知。就是说，你姥姥姥爷把你带大，免责；你父亲母亲把你生出来，免责！我们都没有错，有错的是你？！

是你父亲母亲的错，吾儿，父母亲把你生下来，让你遭受这种不幸。

吾儿，知道那天你父亲是怎么从医院回家的吗？——对，开车。你说对了。

你父亲失态了，一边开车一边哭，30多年树立的形象，不容易啊，那一天全给毁了。你父亲一边开车，一边重复这几句话：老天爷你为什么这么对我？我做错什么了？

你的姥姥双唇紧闭，一言不发，把你抱得紧紧的，就像在防着我把你扔出窗外。

你的母亲没哭。她没哭不是因为比你父亲坚强——车内空间太小，只能容一个人哭。你父亲哭声刚停，你母亲就续上了。

吾儿，到家后你父亲没有上楼，你母亲和你姥姥抱你上的楼，你父亲还有几个电话要打。第一个电话打给你在哈尔滨的姥爷。你出生后不久，你不负责任的父母就把你扔在哈尔滨，自己在北京享乐。你父亲要打电话跟你姥爷解释：你现在这样不是他们带得不好，你在他们那里得到了最精心的照顾和呵护，我要深深感谢他们。

第二个电话打给你在湖南的爷爷奶奶。这事跟他们不太好说。后来发现不用怎么说，只要说个开头就可以了：你孙子将来可能是个傻子……电话那头就开始哭了。

后面几个电话是打给你的大伯、二伯，还有你的姑姑。他们的表现……你姑姑哭了，两个伯父表现不错，至少没哭。

父亲的朋友圈里，你父亲的第一个电话打给了你胡叔叔，他是你父的死党。

你父亲还想打电话，却发现已没人可打。手机里存了200多个号码，可跟谁说，怎么说——嘿，兄弟，我儿子是自闭症……嘿，姐们，你听说过自闭症吗？

那天你父亲哭得就像个娘儿们，花园的草看到了，你父亲可以拔掉；树也看到了，你父亲没办法，它们受《植树法》保护。杀人的心都有，却奈何不了一棵树。

吾儿，一个人不吃饭光喝水7天不会死，你知道吗？这点应该不需要你父亲验证，所以第二天你父亲就进食了。

吾儿，自打从医院回来，你父亲发现家里面可以坐的地方多了。台阶上，坐；门槛上，坐；玩具车上……到哪儿都是屁股一坐。

吾儿，你父亲做错过很多事，但最正确的就是跟你母亲结婚。你父亲未必伟大光荣正确，但你母亲确实勤劳善良勇敢。你母亲为了照顾你，果断地把工作辞了。

吾儿，你父亲只是三日沉沦，沉沦三日，马上就振作了。振作的标志就是开始肆无忌惮地开玩笑了。

吾儿，你父亲每天在微博上拿你开玩笑，不是讨厌你，是太爱你了。你举手投足都可爱，你父亲胡言乱语也都是爱。希望你明白。

吾儿，你收到这封信后，我知道你会把它吃掉。你爱吃饼干，但我找遍了全世界，也没找到饼干做的纸。所以你就别在意口感了，至少比烟头、泥土好吃吧……你又不是没吃过。那些都是你的过去，不是你的现在，更不是你的将来。现在你一天比一天进步，我看在眼里乐在心里。你势头很猛啊，小朋友，不得了啊，照此发展，你80岁的时候就可以说："其实我也是个普通人嘛。"有的人80岁还未必能做到这一点，一个曾经的高官、现在的阶下囚就说："我就想做一个普通人。"呸！不经过努力、没有奋斗，能成为普通人吗？

你父母也是普通人，一生下来就是，到死还是，一点变化都没有，无趣。所以，虽然你最后还是沦为普通人，但你的一生比你父母有趣多了。不许骄傲。

我对你曾经有很多期待和愿望，这些期待和愿望有的冠冕堂皇上得了台面，比方你成为诺贝尔奖文学奖获得者，比方你当上省委书记，比方你成为考古工作者……这些其实都是浮云，算不得什么。父母对你最大的期待和愿望是：成为一个快乐的人。这个愿望说大就大，说小则小，但希望你能帮父母亲完成，我们也会尽力协助，但主要还是要靠你自己。

（摘自《读者》2011年第15期）

早该说的一些话

苏叔阳

我对父亲的感情并不特别深厚，甚至于可以说，相当淡漠。我们同住在一个城市四十余年，却极少往来。亲情的交流和天伦的欢愉似乎都属于别的父子，我们则是两杯从不同的水管里流出的自来水。

我很少揣测他对我们兄弟的情感，我只知道自己多少年来对他抱有歧见。

我父母的婚姻是典型的"父母之命，媒妁之言"。正准备入护士学校的母亲，辍学嫁给了正在读大学的父亲。他们之间，似乎不能说毫无感情，因为母亲偶尔回忆起当年，说她婚后的日子是快乐而满足的。接着，我们兄弟来到了这个世界。我的降生或者是父母间感情恶化的象征。从我记事时起，就极少见到父亲。他同另一位女士结了婚。他的这次结婚究竟如何，我不得而知，我只记得我很小的时候母亲带着我风尘仆仆地追索父亲的足迹，在他的新家门口，鹄立寒风中被羞辱的情景。我六岁的时候，父亲回过一次家，从此杳如黄鹤。只留下一个比我小六岁的妹妹，算是父母感情生活的一个实在的句号。

我的母亲是刚强、能干的女性。我如今的一切都是她无私的赠予。一个失落了爱情和断绝了财源的女人，靠她的十指和汗水，养大了我们兄妹，那恩德是我永远也无法报偿的。

在我读大学以前，我几乎不知道父亲的踪迹，一个时时寄托着怨怅和憎恶的影子常常出现在我的眼前，当我知道他就在同一个城市的一所高等学校教书时，我不愿也不敢去见他。然而，我得感激他。因为靠母亲的力量是无法让我读大学的，是他供我大学毕业。

从那时起，我开始逐步了解他。我为他做的第一件事，就是说服我的母亲，做她的代理人，在法律上结束这早已名存实亡的婚姻。因为一夫两妻的尴尬处境，像一条绳子捆住父亲的手足，使双方家庭都极不愉快，而且影响他政治上的前途。记得受理这案件的法院极其有趣而充满温情，审判员竟然同意我的要求，由我代为起草判决书主文的初稿，以便在判决离婚时，谴责父亲道德上的不当，使母亲在心理上获得平衡。

这张离婚判决书似乎也使我们本来似有若无的父子关系更趋向于消亡。从20世纪60年代至80年代，悠悠几十载，我们便这样寡淡到连朋友也不如地度过了，度过了。

然而，毕竟血浓于水，亲情谁也不能割断。我们父子间真个是"不思量，自难忘"。每当我有新作问世，哪怕只是一篇短短的千字文，他都格外欣喜，剪下来，藏起来，逢年过节约我们见面时，喜形于色地述说他对我的作品的见解。我呢，从不讳言我有这样一位父亲，每逢到石油部门去采访，都坦率地承认我是石油战线职工的家属，并且从不提起我们之间的龃龉，仿佛我们"恩爱无比"，是一对令人羡慕的父子。

父亲生前是北京石油学院的教授，曾经是中国第一支地球物理勘探队的创建人和领导者，也曾经为石油学院地球物理勘探系的创建付出了心血。

他的一生是坎坷的。在旧中国，他所用非学，奔波于许多地方，干一些与他的所长全不相干的事，以求糊口。只有中华人民共和国成立后，他才获得了活力，主动地要求到大西北去做石油勘探工作，为祖国的石油事业竭尽自己的心力。他的一生或许是中国知识分子的一个写照。他毕竟死于自己心爱的岗位上，这应当是他最大的安慰。

人生是个充满矛盾的旅程。在爱情与婚姻上，他给两位不应遭受不幸的女人以不幸，但他自己也未必从这不幸中得到幸福。他的家庭生活始终徘徊在巨大的阴影中。这阴影是他造成的，却也有他主宰不了的力量使他徘徊于痛苦而不能自拔。他在生活上是懦弱的。他的多踌躇而少决断，使他终生在怪圈中爬行。唯有工作，使他的心冲破了自造的樊篱，他的才智也放出了光彩。

当他的第二位妻子，我从未见过面的另一位"母亲"悄然而逝的时候，不知道什么原因，我对他的一切憎恶、歧见，一下子消失殆尽。对于一个失去了伴侣、晚境凄凉的他，油然生出了揪心扯肺般的同情和牵挂。我第一次主动给他写信，要他节哀，要他注意身体，要他放宽心胸，甚至希望他搬来同我一起住。为什么会如此，我至今也说不清。而且，我从此同两位异母妹妹建立了联系，虽然关系不比同母兄妹更密切，但我在感情上已经认定，除了我同母的妹妹之外，我还有两位妹妹。从那时起，我们父子间感情的坚冰融化了。我把过去的一切交给了遗忘，而他，也尽力给我们以关怀，似乎要追回和补偿他应给而没有给我们的感情。

当我第一次接到他的电话，嘱咐我不要太累的时候，我竟然掉下了热泪。这是我生平第一次为父亲流泪，我终于有了一位实实在在的，看得见摸得着，可以像别人的父亲那样来往的父亲。在我年届半百的时候，上天给了我一个父亲，或者说生活把早已失去的父亲还给了我。

对我来说，父亲曾经是个遥远而朦胧的记忆，除了憎恶便是我不幸童年的象征，是我母亲那点点热泪的源泉，是她大半生悲苦的制造者。她那开花的青春和一生的愿望都被父亲断送。而今，另一副心肠的父亲，孤单地站在我面前，他希求谅解，他渴望补偿，却再难补偿。我作为母亲的儿子，一下子"忘了本"，扔掉了所有的忌恨，孩子一样地投到了老爸的怀抱。这或许是我太渴望父爱，太希求父爱的缘故吧。

此后，他不断给我电话和书信，给我送药，约我见面，纵论家国大事，也关心我的儿子，表现出一个父亲应有的爱心。

我衷心地感激上苍，在我施父爱于儿子的时候，终于感受到了父爱。虽然太迟、太少，但总算填补了我一生的空白。

上苍又是严酷的。这经过半个世纪才捡回来的父爱，又被无情地夺走了。

那年5月，半夜里我被电话惊醒，知道父亲突然病危住院，病因不明。我急急地跑到医院，发现他已经处于濒死状态，常常陷入昏迷。他突然莫名其妙地全身失血，缺血性黄疸遍布全身。但他不相信自己会这么快走向坟墓，依旧顽强地遵从医嘱：喝水，量尿。直到他预感自己再也无法抵抗死神时，才开始断断续续述说自己的一生。在我同他不多的交往中，我第一次发现他有如此的勇气和冷静。面对死神，他没有丁点儿的恐惧，他平静地对我和我的异母妹妹述说自己的一生。他说他的父母，他的故乡；说他怎样在穷苦中努力读书，一心要上学；说他的坎坷，说他的愿望……听着他断续的话，我再也忍不住，跑到走廊里，让热泪滚滚流下。

他去世的那天凌晨，我跑到他的病房，妹妹一下子抱住我大哭。我伏在父亲还温热的胸脯上一声声叫着"爸爸"，想把他唤回。他的灵魂应当知道，那一刻，我喊出了过去几十年也没喊过的那么多的"爸爸"；我失声痛哭，我不知是哭他还是哭那刚刚得到又遽然而逝的父爱……

他走了，毫无惆怅地离开了这个世界，却留给我和我的兄妹们无法述说的隐痛。从小和他生活在一起的两位妹妹，因为失去了父亲而陷入孤寂；我们兄妹则把刚刚得到的又还给了空冥，我们都突然被抛向了失落，而这失落是我生平第一次体味到的。

他的葬礼可谓隆重，所有的人都称赞他的品格和学识。只有我们才知道，他怎样从一个孩子们心目中的坏父亲成为一个让孩子们为他心痛流泪的好父亲。这是几十年岁月的磨难才换来的。

他把糖尿病遗留给我，让我总也忘不掉他。然而我不恨他，反而爱上了他，并且从他身上看见了良知的光辉。当一个人抛弃了他的过失并且竭力追回正直的时候，就能无愧地勇敢地面对死亡。

我曾经不爱而今十分爱恋的父亲，您的灵魂或许还在云头徘徊，愿您安息，我们爱您！

（摘自《读者》2011年第17期）

母亲的金手表

琦 君

　　那只圆圆的金手表，以今天的眼光看起来是非常笨拙的，可是那个时候，它是我们全村最漂亮的手表。左邻右舍、亲戚朋友到我家来，听说父亲给母亲带回一只金手表，都要看一下开开眼界。每逢此时，母亲会把一双油腻的手，用稻草灰泡出来的碱水洗得干干净净，才上楼去从枕头下郑重其事地捧出那只长长的丝绒盒子，轻轻地放在桌面上，打开来给大家看。然后，她眯起眼来看半天，笑嘻嘻地说："也不晓得现在是几点钟了。"我就说："你不上发条，早都停了。"母亲说："停了就停了，我哪有时间看手表。看看太阳晒到哪里，听听鸡叫，就晓得时辰了。"我真想说："妈妈不戴就给我戴吧。"

　　但我不敢说，我知道母亲绝对舍不得的。我只有趁母亲在厨房里忙碌的时候，才偷偷地去取出来戴一下，在镜子前左照右照一阵又取下来，小心放好。我也并不管它的长短针指在哪一时哪一刻。跟母亲一样，金手表对我来说，不是报时，而是全家紧紧扣在一起的一份保证、一种象征。我虽幼小，却完全懂得母亲珍爱金手表的心意。

后来我长大了，要去上海读书。临行前夕，母亲泪眼婆娑地要把这只金手表给我戴上，说读书赶上课要有一只好的手表。我坚持不肯戴，说："上海有的是既漂亮又便宜的手表，我可以省吃俭用买一只。这只手表是父亲留给您的最宝贵的纪念品啊。"那时父亲已经去世一年了。

我也是流着眼泪婉谢母亲这份好意的。到上海后不久，我就在同学介绍的熟悉的表店，买了一只价廉物美的不锈钢手表。每回深夜伏在小桌上写信给母亲时，我都会看看手表写下时刻。我写道："妈妈，现在是深夜一时，您睡得好吗？枕头底下的金手表，您要时常上发条，不然的话，停止摆动太久，它会生锈的哟。"母亲的来信总是叔叔代写的，从不提手表的事。我知道她只是把它默默地藏在心中，不愿意对任何人说。

大学四年中，我也知道母亲的身体不太好，可她竟然得了不治之症，这我一点都不知道。她生怕我读书分心，叫叔叔瞒着我。我大学毕业留校工作，第一个月的薪水一领到就买了一只手表，要把它送给母亲。它也是金色的，不过比父亲送的那只江西老表要新式多了。

那时正值抗日，海上封锁，水路不通。我于天寒地冻的严冬，千辛万苦从旱路赶了半个多月才回到家中，只为拜见母亲，把礼物献上，却没想到她老人家早已在两个月前就去世了。

这份锥心的忏悔，实在是百身莫赎。我是不该在兵荒马乱中离开衰病的母亲远去上海念书的。她挂念我，却不愿我知道她的病情。慈母之爱，昊天罔极。几十年来，我只能努力好好做人，但又何能报答亲恩于万一呢？

我含泪整理母亲的遗物，发现那只她最珍爱的金手表无恙地躺在丝绒盒中，放在床边的抽屉里。指针停在一个时刻上，但那绝不是母亲逝世的时间。她平时就不记得给手表上发条，何况在沉重的病中。

没有了母亲以后的那一段日子，我恍恍惚惚的，任凭宝贵光阴悠悠逝去。有一天，我忽然省悟：徒悲无益，这绝不是母亲隐瞒自己的病情、让我专心完成学业的深意，我必须振作起来，稳步向前走。

于是我抹去眼泪，取出金手表，上紧发条，拨准指针，把它放在耳边，仔细听它柔和而有韵律的滴答之音，仿佛慈母在对我频频叮咛，我的心也渐渐平静下来。

（摘自《读者》2011年第19期）

寄给与我相同的灵魂

陈 翔

　　在南锣鼓巷60号门牌下的"老伍酒吧",我见到了酒吧的主人伍丹农先生,整洁的白衬衫搭配牛仔裤,休闲又不失风度。

　　老伍是位科学家,1951年出生在香港,17岁去英国求学,是英国皇家航空学会院士、帝国理工学院空气动力学博士,主要研究航母上飞机垂直起落的问题;他还置房产、开酒吧、弹古琴,经历之丰富着实让人佩服。如今,他成为一名作家,而这一步走得绝非偶然,因为从15岁起,他就开始了情书通信。

　　他15岁那年,她14岁;他在香港,她在马来西亚;他性格火暴、桀骜不驯,她温婉可人、淳朴天真。这样看似不会有交集的两个人,阴差阳错地成为笔友,鸿雁传书,缓递相思。7年2个月零9天,2628天,上千封书信,几百万字,承载了彼此从陌生到熟悉,从好奇到相依的缘分。

一

20世纪60年代，尤其是东南亚一带，很流行交笔友，有一个远距离的固定笔友，在朋友间是很有面子的事。于是，在懵懂的15岁，老伍在杂志交友栏选了一个叫小莉的14岁马来西亚槟城女孩，寄出了人生的第一封信，心情既激动又紧张，似乎要在杂乱中抚平一种突兀，而那时的好奇感胜过一切。一周后，回信抵达，回信的却是一个叫明月的女孩。后来老伍才知道，那时小莉收到的信很多，读不过来，就会分给其他同样想交笔友的女孩。他的信就被分给了明月的朋友小娟，又被小娟给了明月。

于是，明月，这简洁而富有诗意的名字，就再也没有走出过老伍的生活。那时，他们聊家庭、聊城市，也聊校园生活和日常习惯。他知道了她是客家人，原籍福建永定，她父母20世纪40年代从大陆迁到那时的马来亚打拼，早年在槟城老区经营药店，和十几个家庭同住一个屋檐下，而明月就在这老屋出生。她也知道了他是广州人，"七七事变"后外公带着家眷逃难到香港，母亲帮外公经商并在香港结婚定居，而他出生在湾仔骆克道的祖父家。

老伍拿出几封当时两人的通信给我看，动作很轻，小心翼翼地，像拿出珍藏的宝贝。我看到每封信都很长，有的长达五六页。信写得极工整，干净而少有涂改，忽然就想到他在书里说的：

> 每次写信，我会先起草稿至午夜，清晨5点花一个多小时修改，力臻完美，再另花一个小时抄写到薄薄的信纸上。匆忙吃过早餐，7点半把信掷入邮箱，刚好能赶上校车。从那时开始，我一点也不讨厌晚睡早起了，反而享受晨光初照的静谧和清新的空气。

这似乎成了一种仪式，"每次收到信，把书包丢到一边，赶快洗个澡躺在床上，把信读了一遍又一遍"，慢慢地，这仪式变成了习惯，甚至成为生活的一部分，等待来信的焦虑，成了最甜蜜的感觉，然后把自己埋藏在书信的空间里，幻想一切可能性。

我好奇地问他，这样长时间的通信，双方父母知道和允许吗？老伍狡黠地笑笑，说明月的父母相对开明，因为他每次随信还会寄一些书，探讨的多是关于知识的问题，所以她父母在不认识他的时候已经很喜欢这个男孩了。而老伍的家庭比较传统，他发现母亲曾看过他的信，只好默默反抗，"用二进制密码的形式，让书信传递更安全、更保密，最重要的是增加神秘气氛，把书信往来变成一种秘密行动"，之后，他还更改了通信地址，让明月把信寄到他朋友家。这种小波澜，似乎更成为二人关系的调味剂。

二

此地，香港，一个心有阴晴，甚至时常狂风暴雨的男孩，每每摊开信纸，坐在书桌前，内心总能亮起最温暖的灯光。彼地，马来西亚，你能看到一颗萌动的少女心，感受到一股融化一切的热流，最是初恋纯粹，温柔坚定。读着两人通信的节录，我们都能感受到，有什么东西渐渐从两人的通信中孕育而出。用老伍的话说，就是进入了一个新的层次。

通信18个月后的圣诞节，他收到明月寄来的一份惊喜的礼物——一卷磁带。两人通过文字相识，后来交换照片，这卷磁带终于打破无声，似乎她真的来到了身边。磁带有两面，一面是明月的录音，一面是她唱的歌。老伍早已把磁带翻录到光盘中，保存在电脑里，放给我们听。明月的声音很清亮，还稚气未脱，似乎有一丝紧张，更多的则是兴奋。她的声音很容易直达心底，瞬间消解了蕴而不宣的痛苦。现在提起来，老伍的眼睛里仍然流露出喜悦。他的手机铃声一直是明月唱的这首《好母亲》，生活中，他时时感受着那曾经难以言说的感动。

就这样来来回回5年的通信后，两人越聊越深入，甚至私订了终身，终于，在交换了1000多封信之后，两人在马来西亚相见了。

明月漂亮温柔，现在看她的照片仍感到有一种淡雅而持久的美，一种"由心而发，更深层、更真实的内在美"。开始的一小时，初见的两人仿佛是陌生人，慢慢地，她和想象中的女孩渐渐合为一体，变成他心中的明月。

缘分，始终是一件说不清、道不明的事情。老伍试着用量子力学的方式去解释，说宇宙本来就是一场概率游戏，是注定和巧合共同发生作用的结果。他确信缘分发生在他和明月身上，是因为一次算命。此前，明月在找笔友前，算过一次命，算命师说，你即将认识自己命定的爱人，于是阴差阳错，她和老伍因信结缘。而老伍在见过明月之后，也算了一次命，签文说，他和明月是"上上"的爱情。既然是上上的爱情，为什么还要去他处寻觅呢？于是，他告诉自己，这一生注定要和这个女孩走下去。而明月，那个温柔似水的姑娘，在感情中表现得异常坚定，她独自离家，到伦敦来陪伴老伍，从此一直没离开过。

三

老伍和明月的婚姻，是在英国秘密进行的，因为他家庭传统的思想认为，男孩子总该读完博士、找好工作再考虑结婚的问题，而女孩恰恰最需要安全感，于是两人就瞒着家里办了小小的结婚仪式，甚至连戒指都没有。老伍回忆说，当时两个人没有钱，结婚仪式也是在一个小屋子里举行的，晚上准备休息的时候，证婚人突然敲门说自己没有找到地方休息，可不可以留宿在两人房中，于是他们新婚当晚，家里还躺着一个证婚人。

就是在这样艰难的境况下，两人一起奋斗，老伍继续着自己的飞机设计研究，明月在家中做贤妻良母，养育着3个孩子。现在3个孩子都有了自己的事业，在自己喜欢的城市生活，他们喜欢听父母的"笔友故事"，也知道自己是父母美好爱情的结晶。

在我们听到的大部分爱情故事里，美好总会变成习惯，一往情深总会被时光冲得平淡。但即使这样，生活中，我们仍然会看到两个彼此相异的灵魂互相交会，彼此包容，然后咬合成一个共同前进的齿轮。老伍说，尽管他和明月的性格南辕北辙，但她正是治他的灵丹妙药。他们在人生最美好的年华相识，一起成长，经历了温暖，也经历过风雨。每每遇到矛盾，他们只需放慢脚步，回顾曾经一起度过的岁月，马上就会镇定下来。人生最美妙的风景，复刻在他们的记忆中，形成一本写不完的情书。

四

这些年来，老伍将1000多封信全部编号，把信封、封底和里面的内容扫描到电脑里，一份份编好。然后将手写的文字敲成电子版，把那些用在书里的部分也做了标注。他一直留着一张情感关系的趋势图，每次收到信后，根据自己怦然心动的程度，他会打下一个分数，每月结束，统计出本月寄出和收到多少封信，最高分和最低分分别是哪一封，平均分是多少，情感变化曲线如何。细读他的书，会觉得原来男人也可以如此细致，如此可爱。每一个具体的时间点，当时对应的心理感受，竟可以被描写得那么清晰，每一个旁观者，都会为此感动。

老伍说，现在的很多人太现实，忘了问问自己的直觉，其实有的时候，直觉是比科学还准确的东西。再精准的测量，也算不出怦然心动的时刻，人应该相信直觉和心声。

（摘自《读者》2016年第24期）

栀 子

安妮宝贝

父亲去世后不久，我接母亲来北京同住。她带着放暑假的19岁的弟弟一起来，他们是我生命中所余的最重要的两个人。

那是炎热的下午，母亲乘坐的高速大巴刚刚抵达。她穿着碎花的细软棉布裤子，白色钩针短袖上衣，身边一大堆的行李。弟弟抱怨，买那么多的海鲜干货，怕你在北京吃不到。还带了很多零食，仿佛要去春游。母亲在旁边略带天真地笑。

穿过车流疾驰的马路时，我紧紧攥住她的手。她的手温软而干燥。

父亲走后，母亲的身体一蹶不振，失眠、头晕，眼睛流了太多泪，看书要戴眼镜，也害怕坐飞机。

童年的时候，她总是独自带着我去电影院看电影。曾经她是这样聪慧秀美的女子。明眸皓齿，漆黑发丝，以及近乎残酷的倔强。这些她后来都给了我。父亲和她之间的感情，始终很淡。他们像大部分的中国夫妻，在责任感和彼此依赖的惯性中共同生活了30年。30年后的母亲，在开始苍老的时候，却突然孤独。

"有时候我会觉得你父亲还在，不能相信他就这样丢下我不再管"，母亲轻声地对我说。我点头。深夜母亲独自一人，躺在充满了回忆的空落落的房间里，总是听到父亲用钥匙开门的声音。很多往事只属于她自己。

这样的孤独我能够感知，但什么都不能够为她做。

母亲随手拎着的小包里插着一朵洁白的栀子，带着青翠的绿叶。这是母亲最喜欢的花。夏天盛开的时候，馥郁芬芳。乡下外婆家的院子里，就有一棵很大的栀子。母亲倒空了一个矿泉水瓶子，让我去灌自来水，把花朵插起来。花瓣已经有点蔫黄，但芳香依然充盈了整个狭小的房间。

这是难得的一家人团聚的时刻，唯独缺少了父亲。心里温暖而又黯然。

一整夜的黑暗中，栀子花都在吐露着芬芳。

母亲在16年前曾来过北京。这次来，只因为她的女儿客居在此。我带她去故宫，给她拍照片。透过镜头看到母亲，面容里有憔悴的优雅。她站在那里，身体微微有些僵硬。照相机后面的我眼含热泪。

我不能解释这种感觉，仿佛每一个时刻都会成为最后，就像父亲在机场等待我晚点了的飞机。我拎着包走到出口处，看到他的笑容。

我们又坐在广场上看孩子们放风筝。暮色的天空一片金红。我把手搭在母亲的后背上，偶尔轻轻地抚摸她。母亲一直淡淡地笑，让我知道她有我和弟弟在身边，这一刻她很好。她也曾对我说，想起父亲来心里疼痛难受。我却不愿意告诉她，深夜失眠的时候，想起父亲的脸，去卫生间用冷水洗澡，对着镜子泪流满面。

这样的想念，只因为心里的爱。

我15岁的时候，在整个动荡不安、桀骜不驯的青春期里，一直对家庭和父母充满叛逆和反感。10多年之后，在时光中辗转反侧，经历了诸多人情冷暖和世态炎凉，逐渐明白父母对自己的爱，是唯一不会有条件和计较的感情。但他们却已经苍老，并开始离去。

我一直都在想，我们应该如何才能获得一种最为持续和长久的温暖。

深夜和母亲睡在我北京的公寓里的大床上，看到母亲变胖的身体，她年轻时曾那样苗条结实。美丽的躯体蜕变出两条生命，这是不惜代价的彻底的感情。

每一个做女人的都会这样做，这是她们共同的幸福和痛苦，而我亦同样渴望。

世间如此寂静而漠然，而我们却要获取深爱。

陪母亲散步，北京明亮干燥的阳光和绿荫中清脆的鸟鸣让人觉得舒服。母亲说："如果每个星期天你都能陪我就好了。"我说："会的。我要照顾你，到老。"

带她去最好的餐馆吃饭。母亲不管到哪里都只爱吃清淡简单的食物。带她去百货公司，给她买昂贵的护肤品，买她喜欢的绣花鞋和真丝裙。母亲都收下了。回到家里，却硬要塞给我两千块钱。我们差一点又吵起来。一直是彼此相爱的，但因为个性太相似，比如总是不愿意麻烦别人，总是不让自己亏欠别人哪怕一点点，总是倔强，总是太过为别人考虑……所以，在太长久的时间里，我们总是分开的，不在一起。

因为弟弟要提前补习，他们很快要回去。终于说服母亲坐飞机，只要两个小时就可以到家。路上一直劝慰她，坐飞机不是想象中的那么可怕。到了更年期的母亲，有时候会像孩子一样天真而唠叨。母亲穿着碎花真丝连衣裙，拎着随身小包，戴着耳环。过了安检之后，在那里抬起头寻找登机口的指示牌。我踮着脚一直张望，看到她沿着正确的方向去了，放下心来。母亲在转弯处又回头来寻找我。我们彼此挥了挥手，母亲笑，然后离开。我往回走，穿越喧嚣嘈杂的机场人群，终于难过地流下泪来。

　　我们只在一起共度了7天。她回家的时候，父亲离开刚好两个月。

（摘自《读者》2012年第2期）

父与女

张秀亚

为翻寻一件秋衣，我无意中又在箱底看到了那条围巾，那是用黑色绒绳结成的，编织着宽宽的条纹……在这素朴的毛织物里，编织着我终生难忘的故事。

很多年前，在一个风雪漫天的日子里，父亲自故乡赶来学校看我。

他穿了件灰绸的皮袍。衰老的目光，自玳瑁边的镜片后滤过，直似秋暮夕阳，那般温润、柔和，却充满了感伤意味……他一手提了个衣包，另一只手中呢，是一只白木制的点心盒，上面糊了土红的贴纸，一望便知是家乡出品的。

在这大雪的黄昏，那宽敞的会客室，是如此冷落，只有屋角的长椅上，并坐着家政系的仪和她的男友。他们写意地轻弹着吉他，低声吟唱之余，时而飘来好奇的目光，打量着我们父女。

　　父亲微微佝偻着身子，频频拂拭着衣领和肩头残留的雪花说："自从古城沦陷，我和你母亲时刻记挂着你，只是火车一直不通……我真埋怨自己，当年只埋头读些老古书，自行车都不会骑，不然，爸爸会骑自行车来看你的啊……"

　　外面仍然飘着雪，将窗外的松柏渐渐砌成一座银色的方尖塔，那细弱的树枝似又不胜负荷，时有大团的积雪，飞落而下……随了那苍老的声韵，我的眼前出现了一幅图画——一个老人，佝偻着背脊，在凝冻了的雪地上，一步一滑艰难而吃力地踏着一辆残旧的自行车……62岁的父亲，竟想踏自行车行六百里的路来看我……我只呆呆地偏仰着脸，凝望着那玳瑁镜架后夕阳般的温润、柔和、感伤的目光，勉强挤出一丝微笑，但一滴泪却悄悄地自眼角渗了出来。

　　父亲自衣包中取出我最爱读的《饮冰室文集》，还有母亲为我手缝的花条绒衬衣，然后转身又解开那点心盒上的细绳，里面是故乡的名产——蜂糕。

　　"你母亲说，这是你小时候最喜欢吃的东西……"他拿起一块，放在我的面前，又摆到我的手上。呵，那被烟蒂熏染得微黄的衰老的手指，此刻还似在我的眼前晃动……

　　当时，也许是我的虚荣造成了我的腼腆。在那衣着入时、举止潇洒的两个男女同学的注视下，（那时而自长椅上飘来的目光，对我简直似在监视了！）对着这故乡土物，如鲠在喉，竟无法吞咽，只窘迫得涨红了脸。叮叮咚的吉他正奏出一支《南洋之夜》，婉美的曲子谱出的异国情调，又怎样揶揄着那一盒乡土味的蜂糕，又怎样揶揄着人间最质朴、真挚的父爱啊！

　　天色渐渐地昏暗了，我终于拾起那只原封没动的点心盒，只和父亲说了一句："我拿回宿舍留着慢慢地吃吧，天快黑了，我去拿书包，顺便请个假到旅舍去看母亲！"

到了旅舍，母亲正在窗前等候着我们。我絮絮地向母亲诉说着学校的生活，父亲只在一旁翻看着我书包里的书稿，好像希望凭借它们，来了解这逐渐变得古怪而陌生的女儿……半晌，父亲放下了书稿，吸了一口烟，他嗫嚅着似乎要说什么话，却又在迟疑着："阿筠，你在同学中间，也有什么比较好的朋友吗……我是说……"

"没有，谈这个做什么，我要读一辈子书！"没等他说完，我便悻悻地打断了他的话。

最慈爱和体贴的母亲，向父亲递了个警告的眼神，似乎在说："你还不知道这孩子的执拗性情，少惹她气恼吧！"

一时三个人都沉默了下来，在那寂静的雪夜，只听到楼窗外断断续续传来的更柝声。

我从书包中取出了纸笔，又在开始写我的歪诗了，稚气的心灵充满了诗情、幻梦，又怎能体味出老父亲的心情！

父亲偶尔伸过头来望望我的满纸画蛇，充满爱意地叹息着："你还是小时候的性情，小鼠似的窸窸窣窣，拿了支笔，一天从早画到晚。"

直到夜阑，我才完成了我那"画梦"的工作，还自鸣得意地低吟着："苓苓静美如月明，苓苓的有翼幻梦，是飘飘的蓝色云；苓苓弦上的手指，是温柔三月的风……"自己以为，过于"现实"的父母是不能理解我的"诗句"的。终于，展着我那"苓苓"一般的"有翼幻梦"，我偎在母亲身边沉沉地睡去。

翌日天色微明，我便匆忙地整理好书包，预备赶回学校去听头一堂的文学史。父亲好似仍觉得我是个稚嫩的学童，用手摸着花白的胡须说："阿筠，我送你去搭电车！”

北国的冬晨，天上犹浮着一层阴云，雪花仍然在疏落地飘着……路上，父亲又似想起了什么："阿筠，我和你母亲自故乡赶来看你，你也明白是什么意思吧？如果同学中有什么要好一点的朋友，你莫太孩子气，也莫太固执，告诉你的母亲和我，我们会给你一点意见，对你总是有益的啊，傻孩子……"他见我不语，又叹息着："你，你知道，我和你母亲都是六十开外的人了……"

我只气恼地歪过头去："没有就是没有！"

一路电车终于叮咚地驶来，打破了这窘迫的场面，我正预备跳上车去，父亲忽地一把拉住了我："你不冷吗？"说着，突然自他的颈际一圈圈地解开那长长的黑色围巾，尽管我在旁边急迫地顿足："爸，车要开了。"他又颤抖着那双老手，匆促地把那围巾一圈圈地，紧紧地，缠在我的颈际。

我记得那天我穿了一件深棕色的呢大衣，镶着柔黄的皮领，那皮毛的颜色好似三月的阳光，又美丽，又温暖。但是，父亲却在那衣领外面，仍为我缠起那厚重的毛围巾，直把我装扮成南极探险的英雄了。我"暂时忍耐"着跳上了电车，赶紧找到一个座位就开始解去那沉甸甸的围巾……一抬头，车窗外，仍然瑟瑟地站着那个头发斑白的老人，依旧在向我凝望，雪花片片地飞上了他那光秃的头顶和那解去围巾的颈际……我的手指感到一阵沁凉——"我的"围巾上，自父亲颈际带来的雪花，开始消融……我那只手立时麻痹般的不能转动了，任由那松懈了一半的围巾长长地拖在我的背上……

我一直不曾回答父亲的问题："……你在同学中间，也有什么比较好的朋友吗？"只固执而盲目地将自己投入那"不幸婚姻"的枷锁，如今落得负荷了家庭重载，孤独地颠簸于山石嶙峋的人生小径。幸福婚姻的憧憬，如同一片雪花，只向我做了一次美丽的眨眼，便归于消融……

那黑绒绳的围巾，如今仍珍贵地存放在我的箱底，颜色依然那么乌黑而富有光泽，只是父亲的墓地，却已绿了几回青草，飞了几次雪花……

抚摸着那柔软的围巾，我似乎听到一声衰老而悠长的叹息！

（摘自《读者》2012年第6期）

那一串血的殷红

李汉荣

想起小时候的事情。

那天，我病了，受凉，发高烧，半死样躺在被窝里，胡话不断，尽是被鬼死死捏住似的可怕发音。

夜深了，医院又远，救儿要紧。母亲急忙摸黑跑到河边采来柴胡、麦冬、车前子，放上生姜，熬了浓浓的草药姜汤让我喝了，捂上三床棉被，出了几身透汗，只觉得身体里面洪水滔滔，要把多余的东西冲走。

天亮时，我从汗津津的被窝里出来，看窗外天那么蓝，不像以前的天，是新造的天吗？于是欣喜极了，模仿梁上燕子数了一串"一二三四五六七"，跑到门外院子里晾晒的青草上连打了三个滚，对着换了一身蓝衣衫的老天高喊：我好了，我好了。

母亲用老母鸡刚下的蛋做了一碗蛋汤，加了葱花，好香，我几口就吃完了。

撂下碗，就叫了云娃、喜娃，去到河边奔跑、钻柳林、捉迷藏，看对岸柏林寺的和尚在河边放生。

忽然，在一丛荆棘下面，我看见一些血迹，点点滴滴，断续洒到河边，在半截浸入河水的一块青石上也有血痕。

而荆棘丛下，被采摘的柴胡和被挖掘的麦冬，似乎向我提醒着什么。

我知道了，这是母亲昨夜为我采救命药的地方。

那双手，在这里流了多少血。母亲可能当时并不知道自己流血了，

只觉得手上有热流，有点黏糊，猜想可能是血，就到河边冲洗了。

她不能让这双染血的手，使受惊的夜晚再受惊。

我想当时的河水里，漂过一缕又一缕的血红，河的温度也微微升高了，那血红和微温持续了许久，然后散了。河，很快恢复了什么事情也没有发生的样子。

母亲也一样，很快恢复了什么事情也没有发生的样子。

家乡的那条小河，在一条著名的江的上游，那条河，那条江，在流过《诗经》的时候，就被上古的女儿和母亲，用采菊的手、采莲的手、采芣苢的手和洗衣的手，一次次掬起、暖热，肯定也有许多泪水滴入其中。

才知道，也有血滴入水中。流过万古千秋的江河里，藏了多少血的殷红。

我无论走过哪条河，无论到了哪个河湾，看见了殷红、淡红或鲜红的花，或枫叶，我总是想起母亲，想起那浸血的手。

这些河边的花木，一直在收藏着什么，代替我们千年万载地忆想着。

（摘自《读者》2012年第9期）

祖母的季节

苏 童

　　挂在门楣上的粽叶已经变成了灰褐色。风飒飒地吹着那捆粽叶，很像是雨声。真的下雨了，雨丝白茫茫地扫过村弄，在我家门前织起一张网。那捆粽叶又沙沙地响起来，像是风声了。祖母坐在门槛上，注视着檐下的雨水像小瀑布一样跌落下来，汇在石碴路上，匆匆忙忙地流走了。

　　很早以前祖母就聋了，但是那个秋天她说她什么都听见了。每天早晨她被雨声和潮声惊醒，便对灶边烧火的母亲说："凤英子，今天我要走了。"

　　但次年春夏时节，祖母还坐在后门空地上包粽子呢。有一只洗澡的大木盆装满了清水，浸泡着刚从湖边苇地里劈下的青粽叶，我家房前屋后都是那股凉凉的清香味。我走过去把手伸进木盆，就挨祖母骂了，她不让人把码齐的青粽叶搞乱。我们白羊湖一带的人都包"小脚粽"，大概算世界上最好看最好吃的粽子了。祖母把雪白的糯米盛在四张粽叶里，窝成一只小脚的形状来，塞紧包好，扎上红红绿绿的花线。有一只粽子挂到我的脖子上了，我低头朝那只粽子左看右看，发现祖母包的粽子一年比一年大，挂着香喷喷、沉甸甸的。去年端午节前后，祖母坐在后门空地上不停地包粽子，粽子几乎堆成了一座山。没有人去劝阻她。祖母年近古稀但并不糊涂，直到去世也没干过一件糊涂事。

"小蛇儿从前最能吃粽子，一顿能吃八个。"有一天村西的老寿爷踱过我家门前，看见了门楣上一捆捆的粽叶，这样对我父母亲说。

父母亲一个编竹篓，一个劈劈柴，他们对老寿爷笑着，没有说什么。

我祖父也死于秋天，死于异乡异地一个叫石码头的地方。许多年了，村里人还是喊我祖母"小蛇儿家里的"。

有一年，老寿爷跟着贩米船溯水而上，来到湖北一个码头上，遇见了我祖父。祖父正在码头的石阶上为一个瞎女人操琴卖唱。在异乡见到村里的熟人，祖父并不激动。他抛下瞎女人和围观的人群，跟着老寿爷上了贩米船。他帮着村里人把船上的米袋卸完，拉着老寿爷进了一家小酒店。就是那次我祖父酒后还吃了八只粽子。

"你回去吧，你儿子会满村跑了。"老寿爷说。

"不回去。"祖父喝白干喝得满脸通红，摇着头说，"出来了就不回去了。"

后来祖父把他的二胡交给贩米船上的人带回家。大家都站在东去的船上向他挥手，看见祖父一动不动站在岸边一块突出的石头上，身边滚动着浓浓的晨雾。

我们家房梁上挂着祖父留下的二胡。从我记事时起，那把二胡一直高高挂在一家人的头顶上。我不知道祖母为什么要把它挂得那么高，谁也摸不着。有时候仰视房顶看见那把二胡，会觉得祖父就在蛇皮琴筒里审视他从前的家。有一年过年前，我母亲架了把梯子在老屋的房顶四周掸灰尘。她想找块布把那把二胡擦一擦，但是猛听见下面祖母惊恐的喊声："凤英子，你不要动它。"

"我把它擦擦干净。"母亲回过头来说。

"不要擦。"祖母固执地说。她盯着我母亲的手，眼神里有一种难言的痛苦。母亲低头想了想，下来了，从此再没去碰房梁上的二胡。那把二胡灰蒙蒙的，凝固在空中。

去年秋天不是好季节，那没完没了的雨就下得不寻常。我祖母坐在门槛上凝视门楣上的旧粽叶，那些粽叶在风雨中摇摇晃晃。祖母仿佛意识到了什么，她向每一个走过家门的村里人微笑，目光里也飘满了连绵的雨丝。从白羊湖的黄沙滩传来了潮声，她在那阵潮声中不安起来，屏息静气，枯黄的脸上泛起了不祥的潮红。

"活不过这个冬天了。"

我听见父亲对母亲说，母亲对串门的亲戚说，串门的亲戚也这么说。那天父母亲去田里收山芋了。雨还在下，门前的石硌路上静静的，半天没有人经过。

就是那个下雨的午后，祖母第一次让我去把房梁上的二胡取下来，就像过去让我到后门菜园拔小葱一样。可是我在梯子上向那把二胡靠近时，心止不住狂跳起来。多年的灰尘拂掉后，祖父留下的二胡被我抱在胸前。二胡在雨天的幽暗里泛出一种少见的红光来。我的手心很热，沁出汗水，总感到二胡的蛇皮筒里也是热的，有个小精灵在作怪。我以前没见过这种紫檀木二胡。琴筒那么大，应该是蟒蛇皮的。摸摸两根琴柱，琴柱翘翘的，像水塘里结实的水牛角。我神色恍惚，听见祖母沉重的鼻息声围绕在四周。窗外雨还在下。

"刚才你看见他的脸了吗？"祖母问我。她的脸上浮起了少女才有的红晕，神情仍然是悠然而神秘的。我摇头。也许在我伸手摘取那把二胡的时候，祖父的脸曾浮现在房梁下的一片幽暗之中。但我没有发现，我没有看见我的祖父。

有一个瞬间我感到紫檀木二胡在怀里躁动，听到了一阵陌生的琴声从蛇皮琴筒里传出来，越过我和祖母的头顶，在茫茫的雨雾里穿行。我抓住了马尾琴弓。琴弓挺轻的，但是似乎有股力要把我的手弹回来。我的手支持不住了，我突然感到从未有过的慌乱。"你这个傻孩子，你怎么不拉呢？"祖母焦灼起来，她猛地睁开眼睛，带着痛苦的神色凝视那把二胡。

二胡还倚在我的胸上。我最终也没有拉响祖父留下的二胡。那是我祖母逝去前几天的事。后来村里人知道了这事，都说我不懂事，说我那天无论如何要让祖母听听那把二胡的。我很难受，我不会拉二胡。

秋天下最后一场大雨的时候，我母亲从箱子里找出了祖母的老衣。那是我祖母几年前自己缝的，颜色像太阳一样又红又亮。母亲把红色的老衣挂在她房里，光线黯淡的房间便充满了强烈的红光。后来我母亲打开了祖母常年锁着的一只黑漆木盒，木盒里空空的。我母亲眼里闪过一丝慌乱，急忙走到后门去。

"没有了。"母亲对编竹篓的父亲说。

"什么没有了？"

"那块金锁。"母亲说，"我嫁过来的时候她给我看过的。又不想要她的，她干什么藏起来呢？"

我父亲沉默了一阵子，来到祖母身边，轻轻地把她从昏睡中唤醒，问："娘，你的金锁呢？"

"没了，早没了。"祖母那会儿依然清醒，她定定地看着父亲的脸。

"娘，我们不要，让您老带走的。"母亲说。

"我不带走，死了还带走金锁干什么？"祖母说完真切地微笑了一下。那是她一辈子最后一次微笑，笑得那样神秘，让人永远难忘。

我父母亲凝视着她布满皱纹和老人斑的面容，愣怔了半天，等着她告诉什么。但是祖母闭上了眼睛，不再说话，微笑也渐渐消退。

我祖母清贫了一辈子，没有留给家里任何值钱的物件，连唯一的金锁也莫名其妙地失踪了。只有一捆一捆的旧粽叶还挂在我家的门楣上，沙沙地响。

清明去扫墓的时候，母亲带着锡箔和纸钱，我拿着一株迎春，父亲却在臂弯里挟着祖父留下的那把二胡。

祖父的紫檀木二胡被点燃了。我既茫然又恐惧地注视躺在火焰里的二胡，注视父亲被火光映红的肃穆的脸。他那双眼睛里此刻充满了紫檀木二胡奇怪的影子。我一下子忆起了多年来父亲仰视房梁的目光——那种我无法理解的目光，和祖父留下的二胡纠缠了多少年啊。

但是为什么要烧掉祖父的二胡？父亲仍然跪在坟前。母亲脸上有一种如释重负的神情，眼里却涌出泪水。我祖母在坟下，她在无尽的黑暗里应该看见这枫叶般的火焰了。湖风从芦苇丛中穿出来，在空荡荡的滩地上东碰西碰。我们面前的火焰久久不熄。在一片寂静中，我们听见那把二胡在火苗的吞噬下发出一阵沉闷的轰鸣，似乎有什么活物在琴筒里狠狠地撞击着。

"是你爹的声音吗？"母亲的声音颤抖着。

"不，是娘的声音。"父亲庄严地回答。

当蛇皮琴筒发出清脆的开裂声时，我先看见了从琴筒里滚出来的金光闪闪的东西。那东西滚过火堆，滚过父母亲的身边，落在我的脚下。那是我祖母的金锁。

夜　市

詹宏志

　　在通往夜市的路上，父亲咳得厉害，几乎要把肺都咳出来，激烈的咳嗽声响彻在安静无人的街道上。他的背愈来愈佝偻，脸色也昏暗蜡黄，简直和他右手食指、中指之间被尼古丁熏黄的颜色愈来愈像。他穿着变黄的汗衫和灰旧的西装裤，看起来也有点邋遢、猥琐，和其他没出息的乡下中年男子没什么不同。我的心里其实是既不情愿又不甘心的。

　　这样的父亲和我的想象、我的愿望，以及我的描述太不吻合了。我总是在学校里向老师、同学吹嘘父亲的丰功伟业，说他是如何厉害的煤矿工程师，管理着多么大的煤矿，如何在遥远的矿场里工作，虽然那个地方究竟在哪里我也一无所知，但总不会像我们所在的农村那么平凡。

　　事实上，父亲已经病重，连医院也不肯收留他，让他回家，爱吃什么就吃什么。他也已经失去了他引以为傲的煤矿，不再外出工作，每天坐

在家里同一个位置抽烟发呆，一遍一遍读着报纸，喝着反复冲泡直到淡
而无味的香片，偶尔才外出散步或买菜。他体面好看的西装、闪闪发亮
的皮鞋都已经收起来，他渐渐和村子里其他的人一样，变得焦黄、衰老、
猥琐。他不再在乎外表，内衣汗衫就可以当作外出服，渐渐不像我口中
骄傲描述的英雄人物，这让我又着急又羞愧难当。

　　走往夜市的途中，我的感觉愈来愈复杂，因为很快我们就要进入比较
热闹的小镇市区，走进镇上那唯一的一条晚上灯光明亮的街道。在那条
街两旁的商店里，将会遇见我的同学，坐在店里呆望着外面。他们有的
家里卖现制的面条，有的卖鸡蛋和酱菜，有的验光配眼镜，有的卖木桶、
铝桶，有的家里修理脚踏车，或者家里开布庄、米店、西药房……他们
将会看见我和一个平凡邋遢的衰老男子走在一起，他们将会识破我的谎
言，知道我的父亲并不在远方的台北，而是在乡下无所事事。

　　我轻轻挣脱父亲握着的我的手，稍稍落后一步跟着他，希望这样可以
暂时松开我们的关系。父亲似乎不曾察觉我的心思，继续在黑夜里咳得
呕心掏肺，身体激烈地震动。穿过了两旁都是稻田的道路，我们进入灯
光明亮的街市，经过同学家的制面所，经过同学家的杂货店，经过同学
帮忙看守的夜市摊，父亲走进一家镇上仅有的西药房，我跟在后面，那
也是一位隔壁班同学的家，同学正瞪大眼睛看着我，我只能面无表情不
理他。

　　进了西药房，坐在客厅的药师向父亲点头致意，请他进入后面的小房
间，等父亲坐定之后，头发已前秃后白的老药师拿出一个巨大的玻璃针
筒，先将针头在酒精灯上烧炙消毒，再为父亲注射一大筒黄澄澄的液体
药剂。针头插入手臂的肌肉时，我看见父亲皱起了眉头，大概是试着忍
住疼痛吧。打完针后，药师和父亲又聊了一会，父亲才步出药房。一星

期总有一次或者两次，父亲就要到药房来打一针，我们都听说父亲病得很重，每周打针就是明证，但我也不知道他患的是什么病。

虽然和父亲一起上街，有时候带给我很大的尴尬、压力，特别是他愈来愈委顿的容貌和愈来愈随便的穿着，但我还是喜欢和他出门，因为最后总有一些意外的惊喜。打完一大筒针之后的父亲似乎心情愉快，容光焕发，用力拍着我的肩头，说："走，我们去吃面。"

我们穿过夜市，那里常常有吸引我目光的跑江湖卖膏药的师傅，他们总是带来各种不同的把戏，让我们这些乡下小孩大开眼界，顺便还学到各种关于强精补肾的猥亵语言与禁忌知识。有一些卖跌打损伤外敷药的师傅强调练功习武，他们自己就是练家子，地摊上除了摆着药粉、药膏、贴布之外，也摆着几张证书、感谢状和照片，旁边散放着石锁、金枪、刀剑之类的武器，点明他们的来历。他们也总是先表演一套拳术或耍一趟刀枪，然后才托着盘子卖一会儿膏药。有些师傅则带来奇怪的动物，有人耍猴，有人玩蛇，也有人带来能表演特异功能的老鼠、鹦鹉或松鼠，有的师傅则带来不曾见过的奇禽异兽。有一次，有一位师傅带来一条双头蛇，放在一只布袋里，摊上有状极狰狞的图片，标示那袋子里是一条世间罕见头分双叉的凶猛眼镜蛇，布袋蠕蠕而动，卖药师傅又几次作势要把袋中之物扔到我们脸上，吓得观众东躲西闪，生怕沾染不祥。我站在那里看得忘了时间，直到姊姊寻到夜市把我唤回家，那条双头蛇始终没有现身，让我一直耿耿于怀。

但今晚和父亲一起出来，我是不可能在卖药摊子前停下观赏的。我们直接穿过夜市，来到市场口的小面摊，卖面师傅不巧也是班上一位女同学的父亲。其实也没什么巧不巧，镇那么小，每个人都认得每个人，每个人都和每个人有点什么关系。

亮着黄色灯泡的小面摊卖的是典型的台湾切仔面，有油面、米粉，也有我们爱吃的意面，面摊上更有各种令人垂涎的小菜。父亲和我坐下来，他自己叫了一碗意面，也为我叫了一碗，并且要面摊师傅在我那一碗面加上一颗卤蛋，有时候则加一颗卤贡丸，是更奢华的意思了。意面的汤很清，汤上漂着一点香气十足的油葱，面上放着一些豆芽和韭菜，并且摆上一片白煮的猪肉片。

我们太少有机会能够在外吃东西，这种偶然才有的小吃对我而言无疑是至高无上的美食。特别是那一颗在卤汁中卤煮得极入味的贡丸，它不同于后来我来到台北吃到的弹牙新竹贡丸，它更大更软嫩，中间包有肉末，似乎是鱼浆所制（而非一般贡丸的猪肉）。我离开家乡之后，再也没有吃过这样的鱼丸或贡丸。

吃完面后，父亲点起一根烟，若有所思地在面摊上沉默许久。我在旁边呆呆地等着，很怕遇见面摊师傅的女儿，心里希望父亲赶快起身回家。我的念力仿佛奏效了，父亲好像被电到一样跳了起来，大声叫道："头家，这边算一下。"付账之后，我们就回家了，一前一后从灯光明亮的街上慢慢走回黑夜中的家。

有一次父亲在回家前迟疑了一下，交代我在家里不要提在外吃面的事。我点点头，以为是家中兄弟姊妹众多，父亲不一定能"公平"地带大家出门，特别是一些兄姊已经大了，大我一岁的哥哥又在准备考初中，真正能跟着父亲出门的只有我和弟弟，父亲大概是不想让其他小孩不开心吧。

这样和父亲在夜晚的市场口吃面的机会有好多次。昏黄的灯光下，小面摊冒着白烟和香气，一碗香喷喷的清汤面，漂浮着一两片白肉，以及那一颗大如拳头、软嫩柔美的卤贡丸，合起来成为我童年最美丽的回忆。

很多年以后，父亲已经过世，我和母亲闲聊时提及父亲带我去吃面的旧事。母亲说："那是他该打针的钱，是他自己不想治疗了，每次只打一筒营养针，另一筒的药钱就拿去给小孩吃面了。"她又叹了一口气说，"我也是很多年之后，到他死前才知道。"

父亲交代不要提到市场吃面，原来是这么回事。

（摘自《读者》2012年第14期）

圆 满

吴念真

他父亲在乡下当了一辈子的医生，一直到七十五岁才慢慢退休。

退休有很大一部分原因是有医保之后，村里的人不管大小病都宁愿跑去邻近的大医院挤，加上人口外移以及老病人逐渐凋零。

母亲说，父亲现在的病人只剩下他自己，病症是自闭，不出门、不讲话，唯一的活动是自己跟自己下围棋。

从小他父亲就期待孩子中至少有一个人可以当医生，但三个小孩都让他失望：弟弟从小学钢琴，不过后来也没变成演奏家，现在是录音室老板，每天听别人演奏。

妹妹念传播，当过一阵子电视台记者，和企业家第二代结婚，然后离婚，用赡养费经营了一家双语幼儿园。

父亲曾经抱怨说，都是他这个长子的坏榜样。高中分科的时候，不管父亲怎么威逼利诱，他还是坚持念文科，之后进报社，职位起起落落，直到现在看着报业飘飘摇摇。

母亲曾经跟他们说，其实父亲最常抱怨的理由是：这三个小孩所做的事都"对咱们没帮助"。

不过几十年过去，那样的抱怨倒是慢慢地少了，更意外的是，当他的儿子竟然选择医科并且高分考上时，父亲不但没有惊喜，反而淡淡地说："傻孩子，这个时代才选这条艰苦的路。"

除夕那天，母亲口中"三个台北分公司"的三家人陆续在黄昏之前回到老家。妹妹、两个儿媳妇加上几个孙女，几乎把厨房挤爆，她们一边在那儿帮忙，一边听母亲讲之前和父亲搭邮轮去阿拉斯加旅行的见闻。弟弟则在客厅给那台老钢琴调音，"叮叮咚咚"的，那是他每年过年回家固定的仪式。其他几个半大不小的男孩则歪在老沙发和祖父的看诊椅上看漫画、玩电动。

父亲仿佛跟家人完全搭不上边似的，在二楼阳台侍弄他的兰花。他隔着纱门看着父亲已然苍老的身影，父亲的背都驼了，连步子也迈不开。

当他把威士忌递给父亲要他休息一下时，父亲只是笑眯眯地接过杯子。他跟父亲说大儿子得值班，初一晚上才会回来给他拜年，父亲也只是说："住院医师……若苦役哩，大大小小的事情做不完……"隔了好久才又问："回来时……高速公路有没有塞车？"

"没呢。"他说。

然后两个人就都沉默地望向过去是一望无际的稻田，而今却四处耸立起别墅型农舍的田野。

暮色逐渐笼罩，他不经意地转头看向父亲时，没想到父亲也正好转过头来，静静地啜了一口酒之后，仿佛很努力地在找话题，最后终于问道：

062·

"回来时……高速公路有没有塞车？"

"没呢。"他依然这么回答他。

团圆饭后发红包，孙子们发现阿公留给医生哥哥的红包是他们的两倍厚，大家起哄说阿公偏心。已经五六杯威士忌下肚，整个脸红彤彤的父亲笑着说："哥哥当医生最辛苦啊，他是在顾别人呢，你们都只需要顾好自己就好。"

父亲习惯睡前泡澡，那时候所有人都挤在二楼的和室陪阿嬷聊天、打牌，泡完澡的父亲忽然笑眯眯地拉开纸门说："你们累了就先去睡，等贺岁的时间到了，我叫你们。"

所有人忽然安静下来，因为父亲的表情好像还有话要讲，等了好久之后他才有点腼腆地说："看大家这么快乐，阿公也好快乐。"

他说："那是父亲这辈子最感性，却也是最后的一句话。"

当他们听到贺岁的鞭炮声已经远远近近响成一片，而父亲竟然还没有上楼叫他们时，才发现父亲舒服地斜躺在沙发上永远地睡着了。

他的表情好像带着微笑，电视没关，交响乐演奏的正是父亲往昔结束看诊之后，习惯配着一小杯威士忌眯着眼睛听的乐曲，维瓦尔第的《四季》。

（摘自《读者》2013年第4期）

龙眼与伞

迟子建

大兴安岭的春雪，比冬天的雪要姿容灿烂。雪花仿佛沾染了春意，朵大，疏朗。它们洋洋洒洒地飞舞在天地间，犹如畅饮了琼浆，轻盈，娇媚。

我是喜欢看春雪的，这种雪下的时间不会很长，也就两三个小时。站在窗前，等于是看老天上演的一部宽银幕的黑白电影。山、树、房屋和行走的人，在雪花中影影绰绰，气象苍茫而温暖，令人回味。

去年，我在故乡写作长篇《额尔古纳河右岸》。四月中旬的一个下午，我正写得如醉如痴，电话响了，是妈妈打来的，她说："我就在你楼下，下雪了，我来给你送伞，今天早点回家吃饭吧。"

没有比写到亢奋处受到打扰更让人不快的了。我懊恼地对妈妈说："雪有什么可怕的，我用不着伞，你回去吧，我再写一会儿。"妈妈说："我看雪中还夹着雨，怕把你淋湿，你就下来吧！"我终于忍耐不住了，冲妈妈无理地说："你也是，来之前怎么不打个电话，问问我需不需要伞！我不要伞，你回去吧！"

我挂断了电话。听筒里的声音消逝的一瞬，我意识到自己犯了最不可饶恕的错误！我跑到阳台，看见飞雪中的母亲撑着一把天蓝色的伞，微弓着背，缓缓地朝回走。她的腋下夹着一把绿伞，那是为我准备的啊。我想喊住她，但羞愧使我张不开口，我只是默默地看着她渐行渐远。

也许是太沉浸在小说中了，我竟然对春雪的降临毫无知觉。从地上的积雪看得出来，它来了有一两个小时了。确如妈妈所言，雪中夹杂着丝丝细雨，好像残冬流下的几行清泪。做母亲的，怕的就是这样的"泪"会淋湿她的女儿啊，而我却粗暴地践踏了这份慈爱！

从阳台回到书房后，我将电脑关闭，站在南窗前。窗外是连绵的山峦，雪花使远山隐遁了踪迹，近处的山也都模模糊糊，如海市蜃楼。山下没有行人，更看不到鸟儿的踪影。这个现实的世界因为一场春雪的造访，而有了虚构的意味。看来老天也在挥洒笔墨，书写世态人情。我想它今天捕捉到的最辛酸的一幕，就是母亲夹着伞离去的情景。

雪停了，黄昏了，我锁上门，下楼，回妈妈那里。做了错事的孩子最怕回家，我也一样。朝妈妈家走去的时候，我觉得心慌气短。妈妈分明哭过，她的眼睛红肿着。我向她道歉，说我错了，请她不要伤心了，她背过身去，又抹眼泪了。我知道自己深深伤害了她。我虽然四十多岁了，在她面前，却依然是个任性的孩子。

母亲看我真的是一副悔过的表情，便在晚餐桌上，用一句数落的话原谅了我。她说："以后你再写东西时，我可不去惹你！"

《额尔古纳河右岸》初稿完成后，我来到了青岛，为这部长篇做修改。那正是风和日暖的五月天。有一天午后，青岛海洋大学文学院的刘世文老师来看我，我们坐在一起聊天。她对我说，她这一生，最大的伤痛就是儿子的离世。刘老师的爱人从事科考工作，长年在南极，而刘老师在青岛工作。他们工作忙，所以孩子自幼就跟着爷爷奶奶在沈阳生活。十几年前，她的孩子从沈阳一个游乐园的高空意外坠落身亡。事故发生后，沈阳的亲属给刘老师打电话，说她的孩子生病了，想妈妈，让她回去一趟。刘老师说，她有一种不祥的预感，觉得儿子可能已经不在了，否则，家人不会这么急着让她回去。刘老师说她坐上开往沈阳的火车后，脑子里全都是儿子的影子，他的笑脸，他说话的声音，他喊"妈妈"时的样子。她黯然神伤的样子引起了别人的同情，有个南方人抓了几颗龙眼给她。刘老师说，那个年代，龙眼在北方是稀罕的水果，她没吃过，她想儿子一定也没吃过。她没舍得吃一颗龙眼，而是一路把它们攥在掌心，想着带给儿子。

那个时刻，我的眼前蓦然闪现出春雪中妈妈为我送伞的情景。母爱就像伞，把阴晦留给自己，而把晴朗留给儿女；母爱也像那一颗颗龙眼，不管表皮多么干涩，内里总是深藏着甘甜的汁液。

（摘自《读者》2014年第2期）

当你心里充满了爱

陈丹燕

那天，我兴冲冲地放学回家，一推开阁楼的门，就看见爸爸哈着腰在往红箱子里放衣服，大柜门开着，他们的那一格又空了。听见动静，爸爸猛地抬起头，紧张地冲我咧嘴笑笑。

爸爸妈妈又要走了。

我在长沙发上坐下来。弹簧坏了，我一下子陷得好深。心里乱糟糟的。

爸爸妈妈大学一毕业就跟着地质队到北方那些少人烟的大山里找矿，他们是非常能干的人。妈妈生下我不久，就把我放到奶奶的阁楼里，和爸爸一起跑到大山里去了。每逢爸爸妈妈写信来，都是爷爷念信，奶奶搂着我听，读到最后，爷爷笑眯眯地对我说："你爸爸妈妈说亲亲你呀！"这时，奶奶就会低下头亲我一下，我立刻闻到一股厨房里的油烟味。

爷爷奶奶对我真好，可是去年，爷爷跌了一跤，死了。今年，奶奶也躺在旁边的大床上去世了。

爸爸妈妈却回不来。他们在队里是主力，正好发现了矿苗，得勘察完。

我和大伯大妈过。大妈有个小女儿叫小荣，她很漂亮，也很小气。有次我放学走过阁楼下面她们的大房间的时候，看见她把大妈买的苹果藏到衣柜里。

大妈不喜欢我，我很孤单。

我一个人住在爷爷奶奶原先住的阁楼上。爷爷奶奶的大床空了。天花板上有一扇大大的窗，从窗口我能看到星星。

爸爸妈妈总算回来了，他们处理好奶奶的骨灰盒，住了几天，就要走了。

我坐在写字台前，一缕阳光从天窗上照下来，突然一只大手在我眼前晃了晃，我定睛一看，是爸爸。"阿丹，不是生气了吧？"爸爸说。

"噢，我没生过气。"我最不喜欢求人家，要走就走好了。

楼下传来妈妈和大妈说话的声音，妈妈说假期满了得按时回去，把我托给大妈照顾，等考中学了，就考寄宿的学校。妈妈诚惶诚恐地谢着大妈，拜托大妈，大妈满嘴说阿丹就和小荣一样，全包在她身上。我可不明白她为什么这么说，骗人的，还说得像真的一样。

妈妈忙不迭地说谢谢，好像还留了些东西给大妈，然后走上楼来。她像小姑娘似的，一点看不出大妈是不是喜欢我，真笨！

爸爸赶紧迎了出去。

爸爸妈妈在门外面嘀嘀咕咕。

妈妈推着门，锈了的门吱地叫一声，把她吓了一跳。她踮脚走进来，爸爸小心翼翼地跟在后面。

大妈在楼下厨房里烧菜，铁锅哗啦哗啦真响。我下楼去走走。街上每个人都急急忙忙地往回赶，一个妈妈一手领着个小女孩，一手拎着满篮菜，兴冲冲地走，还对小女孩说："今天妈妈给你做生日面吃！"

等我回家的时候，在楼梯口看见小荣在哭，大妈在摔摔打打地摆饭桌。我问小荣怎么了，小荣红着眼睛狠狠地瞪了我一眼，说："不要你管！"

大妈说："你妈给你买了两件滑雪衫，小荣一件也没有，就不高兴了。"

小荣砰的一声踢上门走了。

走上楼梯，门掩着，从门缝里，我看见爸爸妈妈坐在一大堆红红绿绿的衣服旁边，爸爸垂着脑袋，妈妈缩着肩。

"孩子将来一定会对咱们没感情。"妈妈说。

"别胡说。阿丹是个明白孩子。"爸爸说。

妈妈忧伤地摆着头："要我是阿丹，我也恨。阿丹真可怜。"

"咱们晚两天走吧。"爸爸说。

"我觉得咱们真不好，买这些东西来，认为就能替我们照顾阿丹了。"妈妈摸着满床的衣服，抖落出一条白纱裙。啊，真漂亮，小荣就有一条。

他们舍不得我，他们知道我不想让他们走。到底是我的爸爸妈妈呢。我妈妈心眼挺好，爸爸那么高，也垂头丧气的，挺可怜。他们比大妈好多了。

我推门进去，不知怎么办好，我不敢看爸爸妈妈，直着声音说："下次吃饭，别等大妈叫。"

我觉得其实我心里不想说这句话。

晚上睡觉了，我躺在长沙发上，爸爸妈妈躺在大床上，他们心事重重的。我想想又要孤零零一个人在爷爷奶奶的空床上睡，有点伤心。但也有点暖洋洋的，因为我一伤心，爸爸妈妈也心事重重的，他们爱我、疼我。

妈妈轻轻叹了口气。

突然，地板缝里又传来小荣的哭声，她喜欢哭：别人有好衣服她没有，要哭；别人考得比她好，也要哭；大妈下班晚了，她没按时吃饭，又要哭起来。

小荣边哭边说："不要她在家，就不要。她又不是我家的人嘛！不要她！"

大伯低低地吼了一声，说什么，没听清。

大妈自怨自艾："怪我，怎么煞不下面子来。小荣，不要哭啦！"

"那让她妈妈领她好了！"小荣这句话一定是对大伯说的。

我听见妈妈在被子里抽了一下鼻子，爸爸重重地翻了个身。我悄悄朝他们看，看见妈妈把头蒙在被子里，轻轻抽泣起来。

妈妈为我哭了，她可以算是一个好妈妈。

爸爸妈妈终于还是走了，没有推后一天，他们心里挂着北方的大山，他们很有事业心。爸爸拖着红箱子走出家门的时候，妈妈把我拉到一边，悄悄地说："我们真对不起你，阿丹，委屈你了，爸爸妈妈争取早点回来，好吗？"

我很想说："好的，不要紧。"但嘴里光"咳"了一声，听起来好像我有多大仇恨一样。

妈妈一愣，又说："别恨我们，阿丹，爸爸和我都很爱你，真的。"

我很想说"我也是"，可是我说不出口。

他们走后，我后悔了许久，我觉着自己应该对他们说，我是爱他们的，还有佩服。

可是爸爸妈妈工作地点流动不定，没法收到我的信。我现在才明白过来，一个人，如果心里充满了对别人的爱，一定要说给他听，爱不应只在心里，要让这爱及时给别人带来快乐，别浪费了它。

（摘自《读者》2014年第2期）

你是我绑来的人质

刘 墉

到西安参加全国书市，一个老朋友跑来请我吃饭，还临时把他太太从办公室叫了出来。

"你们临时赶来，家里怎么办？孩子谁管？"我不安地问，却见老友已经拨通手机，对着话筒喊："爸爸，我们不回去了，你做饭，先吃了吧！"

"爸爸？"我问，"你那位退休的将军老岳父？"

"是啊！"

"由他做饭？"

"是啊！"他笑了起来，拍拍身边的妻，"你没听说那句话吗，太太是你由岳父那里绑来的人质。抓住他女儿，你还怕老将军不低头吗？"

到杭州去，一个年轻小伙子奔前跑后地帮忙，旁边还带了个女朋友，据说已经好得偷偷去登记了，只是没敢让家里知道。

"我妈怪！我交什么女朋友，她都不喜欢。"小伙子笑道。

"这个她喜欢吗？"我偷偷问。

"不喜欢成吗？"小伙子耸耸肩，"有一天，我带她回去吃饭，我妈拉了张臭脸，一顿饭下来都不说话。我就也把脸拉下来，我妈一看，害怕了，脸就不拉了。"小伙子搂搂身边那个女孩子，得意地大笑了起来。

到北京，饭店里居然举行台湾美食节，摆出的自助餐全是家乡风味。

"真地道呢！"我尝了一口肉羹，对服务员说。

"当然地道，是台湾来的人做的。"服务员笑笑，"要不要我为你介绍？他说他读过你的书。"

出来的是位中年男士，穿着一身白，还戴个高高的白帽子，跟我使劲地握手点头，白帽子一下子掉了，露出个光头。

"在台湾我才不戴这鬼帽子呢！我当老板，爱怎么样就怎么样。"他自嘲地说，"可是现在为别人打工，没办法。"

"为什么到这儿打工，不留在台湾呢？"

"不放心啊！"

"不放心？"

"不放心我那个在北京念大学的女儿啊！一个人，到这么远来，多害怕。天天吃不好，睡不好。"

"女儿不适应北京的环境吗？"

"不是啦，是我和我太太吃不好、睡不好啦，就把店关了，跟来北京，我太太在台湾商人家当管家，我来这里做大厨……"

读旅行文学家余纯顺写的《壮士中华行》。

上海青年余纯顺，居然不爱十里洋场，独自走向祖国最偏远的地方。

他一个人以无比坚韧的毅力，进入被称为"天堑"和"生命禁区"的川藏、青藏、新藏、滇藏和中尼公路。

1996年，余纯顺不但突破了5个天堑，而且继续挺进，完成了59个探险项目，走了4.2万公里，眼看就将打破阿根廷探险家托马斯的世界纪录。

但是，他最终倒下了，以左腿向前、双手握拳的"走路姿势"，死在了罗布泊。

消息震惊了全国，余纯顺写的游记成了畅销书，大家一起向他致敬，说："这是一尊倒下的铜像。"

但是，当我读余纯顺的书时，除了感动于他的坚毅，更佩服一位老人——余纯顺70岁的老父余金山。

余纯顺远征西藏时带的手推车，是老人为他在上海定制，再亲自送到重庆的；余纯顺"壮士行"最初几年的经费，全是由老人去张罗的。

老人把退休金拿出来，不够，又帮人修东西赚钱，并且12次为儿子送衣、送钱、送装备，远至哈尔滨和库尔勒等地。

老人甚至对儿子说："你这一计划很好，能打破世界纪录……但你一个人破，还不'绝'，除非我也加入这一行列，我们父子双双打破世界纪录。"

老人居然陪着儿子走过3千里路，直到经济支撑不下去，才退出，回去工作。

我眼前浮现一位老人的面容，不像余纯顺那么刚毅，而是慈祥。

他为什么走？他真想打破世界纪录，还是因为不放心，只为陪儿子去冒险？

长江水患总算过了，中央电视台播出纪录片的精华篇，记者的镜头在滚滚浊流和一望无际的水面上摸索。

救生艇跟浪搏斗，忽左忽右地摇摆，突然远远看见一棵树的梢头挂着一个小小的影子。

"是个孩子！"有人叫。

船开过去，又因为浪急，被荡开去，差点撞上孩子。多危险哪！那孩子的脚离水只有十几厘米，一旦落水，就将立刻被洪流吞噬。

船掉回头，小心地驶近，有人伸手，一把抱住那看来不过六七岁的娃娃。

抱上船，孩子居然只穿一件小小的上衣，光着屁股。

我一个人，深夜，在常州看电视，流了一脸泪，并在第二天记者会上说出了我的感动。

"你知道那娃娃凭什么能挂在树上9个小时吗？"有记者问。

"真是奇迹。"我说，"真难以相信。"

"告诉你吧！后来孩子说了，原先她下面还挂了外婆，外婆在水里托着她，托了几个钟头，实在撑不住了，临松手，对孩子说：'娃娃啊！要是外婆被水冲走了，你可拼命抓着树，别松手！别松手！'"

想起那个西安老友的话。

我们都是人质，只要离开爸爸妈妈、爷爷奶奶、外公外婆，就会牵着他们的心，成为一种"人质"。

每个被爱的人都是"人质"，每个爱人的人都是"赎金"。赎到最后，把自己也贴了上去。已故诗人梅新有一首诗——《家乡的女人》

　　　家乡的女人

　　　总是醒在

　　　家的前面

　　　家总是醒在

　　　黎明的前面

　　　天还未亮

我们的家

屋顶先醒

一缕缕的炊烟⋯⋯

女娲先造男人，后造女人，大概就因为女人总是先醒吧！她就算不为丈夫醒，也会为儿女醒。

（摘自《读者》2014年第4期）

向日葵

尤　今

到伦敦度假，住在女儿的公寓里。

那天，约好在她下班后共进晚餐，做事有条不紊的女儿体恤地说道：

"餐馆坐落于九曲十八弯的窄巷里，不太好找，你们就在餐馆附近的小公园等我吧！"

早上出门时，气温微凉，我穿了一袭宽松的棉质衣裙，没带外套。天色愈暗，气温愈低，到了傍晚，气温居然降至6℃。

我和老公提早10分钟来到游人稀少的小公园，那种刺骨的寒风夺命似的想把人的脸皮整层刮掉，我冷得几乎连血液都凝结了。到了7点整，一向准时的女儿仍不见踪影，我们的手机偏又留在公寓里忘了带，无法联系。

寒气肆无忌惮，我冻成了冰湖底下一尾郁悒的鱼。看着时间嘀嘀答答地流走，怒气像蚂蟥一样往我心里钻。到了七点半，我的脸，已幽幽地长出了一层青苔。

"天这么冷，她竟不为我们着想！"我口出怨言，"简直就是个工作狂呀！"

"唉，"老公叹气，"伦敦的工作压力真是太大了！"

7点40分，女儿才气喘吁吁地赶到，连声道歉："爸爸，妈妈，对不起，对不起！工作堆积如山，做不完呀！"

我和老公对看一眼，果然不出所料！

我被冻得有如一片在树梢瑟缩颤抖的枯叶，我的声音，比雪更冷："工作做不完，不是还有明天吗？你过去守时的好习惯，去了哪里？"说着，我径自往前走，不再看她一眼。

到了餐馆，女儿轻车熟路地点了各种美食，刺身、煎和牛、鳗鱼饭、酱渍豆腐、软蟹手卷、天妇罗……

可口的美食一道接一道地上，然而，我觉得心里冒出了很多冻疮，灼灼地痛，半点胃口也没有。

女儿欢欢喜喜地说着办公室里的一些趣事，我没有搭腔，只一筷一筷闷闷地吃，一心只想快点回家盖上厚厚的被子蒙头大睡。

第二天，日上三竿我才醒来。薄薄扁扁的阳光从窗隙硬生生地挤了进来，看看钟，哟，9点多了！奇怪的是，厅里竟传来了女儿和她爸爸说话的声音。我翻身起床，走出厅外，还没开口，女儿便说："妈妈，我今天请假。"我讶异地问："咦，你的工作不是堆积如山吗？"她笑嘻嘻地说："工作做不完，不是还有明天吗？"

桌上放着一大束精神抖擞的向日葵，黄艳艳、活鲜鲜的，大捧大捧的热情源源不绝地释放。向日葵旁边，有个奶油蛋糕，还有一张卡片。

卡片里，装着女儿圆润的字体："亲爱的妈妈，记得吗？那一年，您到土耳其旅行，看到漫山遍野的向日葵，回来向我展示照片，满脸陶醉地说，那种美啊，简直惊心动魄呢！您每回看到玫瑰花、荷花和桂花，都露出馋馋的目光，想吃它们；唯独向日葵，您打心坎里爱着它宠着它。妈妈，我和哥哥们，其实都是您的向日葵；而您，就是我们的阳光。"

读毕，抬起头来时，女儿絮絮地说道："妈妈，昨天下班后，我赶去办公室附近那家花店，不巧它因事休业。我匆匆坐计程车赶去另一家，又碰上塞车，我真的急坏了呀！终于买到了您最喜欢的向日葵，还得赶回家把它藏好。这样一来一往的，才会迟到呀！"

说着，她又笑眯眯地自问自答："您猜我把花藏在哪儿？贮藏室！可是，我又担心它难以透气，半夜还起来浇水呢！"

这一天，是我的生日。

可是，在这一刻，我的眼眶里，都是泪。

（摘自《读者》2014年第10期）

爸爸的花儿落了

林海音

新建的大礼堂里，坐满了人，我们毕业生坐在前八排，我又是坐在最前一排中间的位子上。我的襟上有一朵粉红色的夹竹桃，是临行时妈妈从院子里摘下来给我别上的，她说："夹竹桃是你爸爸种的，戴着它，就像爸爸看见你上台一样！"

爸爸病倒了，他住在医院里，不能来。

昨天我去看爸爸，他的喉咙肿胀着，声音是低哑的。我告诉爸爸，举行毕业典礼的时候，我要代表全体同学领毕业证书，并且致辞。我问爸爸，能不能起来参加我的毕业典礼。6年前他参加我们学校欢送毕业同学的同乐会时，曾经要我好好用功，6年后也代表同学领毕业证书并致辞。今天，"6年后"到了，我真的被选中来做这件事。

爸爸哑着嗓子，拉起我的手笑笑说："我怎么能够去呢？"

我说："爸爸，你不去，我很害怕。你在台下，我上台说话就不发慌了。"

"英子，不要怕，无论多么困难的事，只要硬着头皮去做，就闯过去了。"

"那么爸爸不也可以硬着头皮从床上起来到我们学校去吗？"

爸爸看着我，摇摇头，不说话了。他把脸转向墙那边，举起他的手，看那上面的指甲。然后，他又转过脸来叮嘱我：

"明天要早起，收拾好就到学校去，这是你在小学的最后一天了，可不能迟到！"

"我知道，爸爸。"

"没有爸爸，你更要自己管好自己，并且管好弟弟和妹妹，你已经大了，是不是？"

"是。"我虽然这么答应了，但是觉得爸爸讲的话使我很不舒服，自从六年前的那一次之后，我何曾再迟到过？

当我在一年级的时候，就有早晨赖在床上不起床的毛病。每天早晨醒来，看到阳光照到玻璃窗上了，我的心里就是一阵愁：已经这么晚了，等起来，洗脸，扎辫子，换校服，再到学校去，准又是一进教室就被罚站在门边。同学们的眼光，会一道道向我投过来，我虽然很懒惰，却也知道害羞呀！所以我又愁又怕，每天都是怀着恐惧的心情奔向学校去的。最糟的是爸爸不许小孩子上学乘车，他不管你晚不晚。

有一天下大雨，我醒来就知道不早了，因为爸爸已经在吃早点了。我听着雨声，望着大雨，心里愁得了不得。我上学不但要晚了，而且要被妈妈穿上肥大的夹袄（是在夏天），拖着不合脚的油鞋，举着一把大油纸伞，走向学校去！想到要这么不舒服地去上学，我竟有勇气赖在床上不起来了。

　　过了一会儿，妈妈进来了。她看我还没有起床，吓了一跳，催促着我，但是我皱紧了眉头，低声向妈妈哀求说："妈，今天晚了，我就不去上学了吧？"

　　妈妈做不了主，她转身出去时，爸爸就进来了。他瘦瘦高高的，站到床前来，瞪着我：

　　"怎么还不起来！快起！快起！"

　　"晚了，爸！"我硬着头皮说。

　　"晚了也得去，怎么可以逃学！起！"

　　一个字的命令最可怕，但是我怎么啦？居然有勇气不挪窝儿。

　　爸爸气极了，一把把我从床上拖起来，我的眼泪就流出来了。爸爸左看右看，结果从桌上抄起鸡毛掸子倒转来拿，藤鞭子在空中一抡——我挨打了！

　　爸爸把我从床头打到床脚，从床上打到床下，外面的雨声混合着我的哭声。我号哭，躲避，最后还是冒着大雨上学去了。我像一只狼狈的小狗，被宋妈抱上了洋车——我第一次花钱坐车去上学。

　　虽然迟到了，但是老师并没有罚我站，因为这是下雨天。

　　老师叫我们先静默，再读书。坐直身子，手背在身后，闭上眼睛，静静地想五分钟。老师说："想想看，你是不是听爸妈和老师的话？昨天的功课有没有做好？今天的功课全带来了吗？早晨跟爸妈有礼貌地告别了吗……"我听到这儿，鼻子抽搭了一下，幸好我的眼睛是闭着的，泪水不至于流出来。

　　静默之中，我的肩头被拍了一下，急忙地睁开了眼，原来是老师站在我的位子边。他用眼神叫我向教室的窗外看去。我猛一转过头，是爸爸那瘦高的身影！

　　我走出了教室，站在爸爸面前。爸爸没说什么，打开了手中的包袱，拿出来的是我的花夹袄。他递给我，看着我穿上，又拿出两个铜板来给我。

　　后来怎么样，我已经不记得了，因为那是六年以前的事了。只记得，从那以后到今天，每天早晨我都是等待着校工开大铁栅栏校门的学生之一。冬天的清晨，我站在校门前，戴着露出五个手指头的那种手套，举着一块热乎乎的烤白薯吃。夏天的早晨，我站在校门前，手里举着从花池里摘下的玉簪花，送给亲爱的韩老师，是她教我跳舞的。

　　啊，这样的早晨！一年年过去了，今天是我最后一天在这学校里啦！

　　当当当，钟声响了，毕业典礼就要开始了。看外面的天，有点阴，我忽然想，爸爸会不会忽然从床上起来，给我送来花夹袄？我又想，爸爸的病几时才能好？今早妈妈的眼睛为什么红肿着？今年爸爸都没有给院里大盆的石榴和夹竹桃上麻渣。如果秋天来了，爸爸还要买那样多的菊花，摆在我们的院子里、廊檐下、客厅的花架上吗？

　　爸爸是多么喜欢花啊！每天他下班回来，我们在门口等他，他把草帽推到头后面，抱起弟弟，经过水龙头，拿起灌满了水的喷水壶，唱着歌儿走到后院来。他回家来的第一件事就是浇花。那时太阳快要下去了，院子里吹着凉爽的风，爸爸摘一朵茉莉插到瘦鸡妹妹的头发上。陈家的伯伯对爸爸说："老林，你这样喜欢花，所以你太太生了一堆女儿！"我有四个妹妹，只有两个弟弟。我才12岁……

　　我为什么总想到这些呢？韩主任已经上台了。他很正经地说："各位同学都毕业了，就要离开上了六年的小学到中学去读书，做了中学生就不是小孩子了，当你们回到小学来看老师的时候，我一定高兴地看到你们都长高了，长大了……"

　　于是我唱了五年的骊歌，现在轮到学弟学妹们唱给我们："长亭外，古道边……"

我哭了，我们毕业生都哭了。我们是多么希望长高了变成大人，我们又是多么怕呢！

快回家去！快回家去！拿着刚发下来的小学毕业证书——红丝带子系着的白纸筒，我催着自己，好像怕赶不上什么事情似的，为什么呀？

进了家门，静悄悄的，四个妹妹和两个弟弟都坐在院子里的小板凳上。他们在玩沙土，旁边的夹竹桃不知什么时候垂下了好几根枝子，散散落落的，很不像样，是因为爸爸今年没有收拾它们——修剪、捆扎和施肥。石榴树大盆底下有几个没有长成的小石榴，我很生气，问妹妹们："是谁把爸爸的石榴摘下来的？我要告诉爸爸去！"

妹妹们惊奇地睁大了眼，摇摇头说："是它们自己掉下来的。"

我捡起小青石榴。缺了一根手指头的厨子老高从外面进来了，他说："大小姐，别说什么告诉你爸爸了，你妈妈刚从医院来了电话，叫你赶快去，你爸爸已经……"

他为什么不说下去了？我忽然着急起来，大声喊着："你说什么，老高？"

"大小姐，到了医院，好好劝劝你妈，这里就数你大！就数你大了！"

是的，这里就数我大了，我是小小的大人。我对老高说："老高，我知道是什么事了，我就去医院。"我从来没有这样镇定，这样安静。

我把小学毕业证书放到书桌的抽屉里，再出来，老高已经替我雇好了到医院的车子。走过院子，看那垂落的夹竹桃，我默念着：

爸爸的花儿落了。我已不再是小孩子了。

（摘自《读者》2014年第14期）

描花的日子

张 炜

　　这里一年四季都有让人高兴的事儿。春天花多鸟多蝴蝶多，特别是满海滩的洋槐花，密得像小山。夏天去海里游泳，进河逮鱼。秋天各种果子都熟了，园艺场里看果子的人和我们结了仇，是最有意思的日子。冬天冷死了，滴水成冰，大雪一下三天三夜，所有的路都封了。

　　出不了门，一家人要围在一起。

　　母亲和外祖母要描花了。她们每年都在这个季节里做这个，这肯定是她们最高兴的时候。我发现父亲也很高兴，他让她们安心描花，余下的事情自己全包揽下来。平时这些事他是不做的，比如喂鸡等。他招呼我带上镢头和铁锹去屋后，费力地刨开冻土，挖出一些黑乎乎的木炭——这是春夏准备好的，只为了这个冬天。

　　父亲点好炭盆，又将一张白木桌搬到暖烘烘的炕上。猫在角落里睡了香甜的一觉，开始了没完没了的思考。外面天寒地冻，屋里这么暖和。这本身就是让人高兴、幸福的事。

母亲和外祖母准备做她们最愿做的事：描花。她们从柜子里找出几张雪白的宣纸，又将五颜六色的墨搬出来。我和父亲站在一边，插不上手。过了一会儿，母亲让我研墨。这墨散发出一种奇怪的香气。

外祖母把纸铺在木桌上，纸下还垫了一块旧毯子。她先在上面描出一截弯曲的、粗糙的树枝，然后就笑吟吟地看着母亲。母亲蘸了红颜色的墨，在枯枝上画出一朵朵梅花。父亲说："好。"

母亲鼓励父亲画画看，父亲就画出了黑色的、长长的叶子，像韭菜或马兰草的叶片。外祖母过来端详了一会儿，说："不像，不过起手这样也算不错了。"她接过父亲的笔，只几下就画出了一蓬叶子，又在中间用淡墨添上几簇花苞——我也看出来了，是兰草。我真佩服外祖母。

我也想画，不过不画草和花，那太难了。我画猫。猫脸并不难画，圆脸，两只耳朵，两撇胡子。可是我和父亲一样笨，也画得不像。父亲说："这可能是女人干的活儿。"

整整一天，母亲和外祖母都在画。她们除了画梅花和兰草，还画了竹子。父亲一边看一边评论，把他认为最好的挑出来。他说："这是你外祖父在世时教她们的，他不喜欢她俩出门，就说在屋里画画吧。可惜如今太忙了……我每年都备下最好的柳木炭。"

猫一直没有挪窝，它思考了一会儿，便站起来研究这些画了。它在每一张画前都看了看，打了个哈欠。可惜它趁我们不注意的时候踩到了红颜色的墨上，然后又踩到了纸上。父亲赶紧把它抱开，但已经晚了，纸上还是留下了一个个红色的爪印。父亲心疼那张纸，不停地叹气。

外祖母看了一会儿红色爪印，突然拿起笔，在一旁画起了树枝。母亲把爪印稍稍描了描，又添上几朵，一大幅梅花竟然成了！我高兴极了，我和父亲都没想到这一点：有着五瓣的红色猫爪印本来就像梅花嘛！

就这样，猫和母亲、外祖母一起，画了一幅最好的梅花。

（摘自《读者》2015年第4期）

我的幼年

张充和

　　四岁时，外面来的客人们问我："你是谁生的？"我总是答一声："祖母。"他们总是大笑一阵，我只是莫名其妙地望着他们，心里说："这有什么好笑的？难道你们不是祖母生的，是从天上落下来的？"我一直不晓得祖母之外还有什么更亲的人。

　　在花园里，我站在祖母面前，没有祖母的手杖高。祖母采了四朵月月红戴在我的四条短短的发辫上。我跑到深草处寻找野花和奇异的草，祖母对我说：

　　"孩子，丛草处，多毒虫，不要去！快来！你乖，来！我替你比比，看到我手杖哪里了……"我跑了去，祖母替我比一比，然后叫我拾一块碎碗片来，在手杖上刻了一道痕，又对我说："今年这样高，明年就有这样高，后年就和手杖平了。"我开心极了，一心就想长到祖母的手杖那样高。

书房窗外有两棵梧桐树，那样高。秋深了，梧桐子不时落下来。我在读《孟子》："孟子见梁惠王，王立于沼上，顾鸿雁麋鹿，曰：'贤者亦乐此乎？'孟子对曰：'贤者而后乐此，不贤者虽有此，不乐也。'——先生，我要小便去。"先生允许了，我便一溜烟地跑了出去。满院的梧桐子，我拾了许多，袋袋里满了，又装些在套裤筒里，在外面打了一个转，又回到书房里去，先生被我瞒过去了。

晚上总是我先睡，祖母看着佣人替我脱衣，有时也亲自动手。这一天也是这样，脱到套裤时，哗啦啦一阵响，梧桐子都落下来。我心里有点着慌，怕祖母责备，哪知她还笑了一声说："生的吃不得，明天我叫他们拾些来炒熟给你吃。以后不要拾了。"啊，祖母，你哪知我骗了先生呢！

葡萄架下有一张方桌，我坐在祖母怀里，手伸在几本书上，让一个戴宽边眼镜的医生诊脉。佣人拿了电报来，祖母一看电报就老泪纵横了。医生去了，祖母把我的一条红花夹裤翻了过来，里子是白色的花布。祖母又把我搂在怀里，眼泪不住地流着。她用颤抖的声音对我说："乖乖，你从此要做一个没有母亲的孩子了……你要好好地听我的话，你母亲是个好媳妇……以后……再也没有她……她了！"我这才晓得我还有个母亲，但是在我晓得有母亲时，母亲已经死了。我看见祖母哭得那么厉害，我也跟着哭了。祖母又拍着我说："孩子，乖乖，不要哭，你不是说你是我生的吗？你是我的孩子，我爱你！你不要哭了。"

现在我已长得比祖母的手杖高出一尺多了。祖母墓上的草，我以为一定是不会有毒虫的。假使现在要有人问我"你是谁生的"，我还要说"祖母"。不过，我明白了还有一个人，也是生我的，叫作"母亲"，因为她们都是爱我的。

我似乎时常听见祖母高声说：

"孩子，丛草处，多毒虫，不要去！"

（摘自《读者》2016年第2期）

逃离：从都市到桃花源

马　原

我的故事是从2008年的猪年除夕夜开始的。

猪年的除夕夜很美。我和小花坐在新家宽大的拱形落地窗内，看着眼前的烟花腾空炸开，闪烁着缓缓落下，内心被巨大的幸福感包裹着。那烟花像是上海人民给我俩的祝福。第二天，一场大雪覆盖了屋顶花园。一大早，我和小花便冲进了厚厚白雪带来的欢愉里。那是小花第一次体会打雪仗的滋味。我们还用了一个小时，在花园的香柏木地板上堆起了一个雪人。这似乎便是我和小花在那场恶疾到来之前，最开心的回忆。

2008年2月21日，正月十五，我和小花领了结婚证。单身17年的流浪汉和退役多年的专业运动员，在认识了7个月后，就这样以法律的形式联结在了一起，不得不说这一切都是命运的安排。因为在之后的一个月内，我和小花尚未从新婚的喜悦中醒来，死神的镰刀便逼上了我的脖子。

开始是带状疱疹，民间叫蛇盘疮。疼了一个多月，查出来肺部长东西了，而且很大。

我看到了我的余生——如果它是良性的，我需要开膛破肚把它取出；如果不是，我的生命就进入了那个增强型的 CT 机下达的时间表中，三年、两年或者一年。尽管学校的负责人一再劝我别任性，我还是从医院逃了出来。夜晚，新娘踏实地睡在我的怀里，她是那么安详、那么美丽。从见她第一面起我就喜欢她，简单、舒服、通透。很难相信，命运对她如此不公。我的目光在她脸上，泪水不断线地从眼里滴下来。

小花从黎明前的沉睡里醒来，看到我眼泪汪汪，边帮我拭去泪水，边问我怎么了。我说："没什么，老婆，我想让你回海南岛去。一个人回去，那边没人知道你结了婚、领了证，回去了你还是个未婚的好女孩。我会给你把一切都安顿好。""老公，老公，你说什么呢？"小花的呜咽突袭了喉头，"两个人成了两公婆，这是比天大的缘分呢。我妈病了好几年，难道我跟她脱离母女关系了？""老婆，可我只是不想你运气那么坏……"我努力辩驳。

"你说的根本不对，我是运气最好的女人。我老公生病，就让他深爱的女人离开他。运气好的女人才有这样的老公……你别想甩掉我，就算确诊了，我也要赖你一辈子，我还要给你生孩子。"我涕泗滂沱，紧紧抱住我的新娘。那个凌晨，我们同时决定"逃离"。

5月初，与校方达成共识后，我停了课，带着小花回到了海口的小家。那是我们的爱开始的地方。

第一件事，我要完成小花最大的心愿，举行一个完美的婚礼。筹备婚礼的日子，小花异常开心。婚纱照上，两人牵手走在浅金色沙滩上，背景是无垠的大海，天际线上泛着清幽的深蓝，那一刻被定格成永恒。

　　我为生命做了两种规划，一种三年，一种三十年。如果是头一种，我就需要尽量抓住时间，不留遗憾；如果是第二种，我会去找一个山清水秀的地方，盖一栋朴素又宽敞的房子，远离尘嚣，生活里只留读书和种菜两件事。现在，我开始一丝不苟地践行"三年之约"。

　　我开始试着跟癌症和平共处。海南温湿的气候让我在逃离上海后能够尽情地"换水"。水是生命机能的基础。中医说人体内的水90天置换一次。我愿意做这样自然的尝试。海南有温泉，我相信温泉可以抑制我的带状疱疹。而在温煦的海风和摇曳的椰树林里，每天忍痛骑两个小时单车，大汗淋漓地回到家里是我最畅快的事。重要的是，小花也陪伴着我。奇妙的是，我尝试的这两种疗法，竟慢慢起了作用。带状疱疹慢慢结痂脱落，我的睡眠和气色越来越好。

　　那段时间我谢绝了社交，终于可以把所有的时间都用来陪伴挚爱的妻子。我学着下厨，给小花做各种好吃的；我们每天都挽着手，散步两个小时……6月来到，我和小花有了新生命。这个消息再次点燃了我生存的信念。

　　我想到我曾渴望当个画家，可一直没有时间尝试。为此，我拿起画笔，置办了两个画架，买了全套进口油画颜料，拉开架势，开始创作了。我开始画怀孕的妻子，画紫色的大海，画擦身而过的两条鱼，把自己画成佛像般平静的金色面孔，眉心上落着一只红色的七星瓢虫……我再次心悦诚服地感激这场大病，让我的许多奢望轻而易举地变成了现实。

　　2009年2月21日，小儿子在我们的结婚纪念日降生了。他的到来，让第一次做妈妈的小花开心激动得无以复加。我第二次做爸爸，大儿子已经20多岁，远在柏林，对他的教育和抚养，我曾竭尽全力。在我生病后，他因不能照顾我而遗憾落泪。现在家里有了新生命，他也异常兴奋。

　　小花对儿子投入了全部的热情和爱。我常常感恩又自责。那时候，只要不忙，我就会和小花一起，骑着单车，带着孩子去海边玩沙子。

　　2009年9月，为了证明我的健康没有问题，也为了抵制生病带来的无聊，我应挚友的邀请，带着老婆孩子去北京当了几天朝九晚五的白领。可我的身体明显吃不消，最终我又"逃"回了海南岛。这次逃离后，我与"北上广"再无纠葛。因为要选择实在的幸福，只有选择每天为爱而活。就连柴米油盐的日子也充满了乐趣……2010年，一个面对死神的马原被媒体重新发现，几部我当教授时的讲稿陆续面世，让我于当年成了"年度十大精英"之一。这一年，我与死亡的三年之约也到了终点，我需要另外一个起点了……我已经17年写不出小说了，如今，在我的生命重新焕发生机时，我也思如泉涌。而我的画作也得到了越来越多人的认可。我拿起笔，重操旧业写起了小说《牛鬼蛇神》……在这种美满的日子里，我又时常感到惶恐和不安，生命的诱惑都已远去，除了小花和孩子的陪伴，我再无所求。于是，隐居成了我新的向往：找一个有洁净的水和新鲜空气的地方，做个山民，盖所砖房，种菜养花，有一眼自己的泉水……在2012年的一次远足中，我一下就被西双版纳的南糯山迷住了。那里细雨温柔，暮霭沉静，夜色清幽，空气里都是水的味道。我怎能不一见钟情？

　　我决定举家迁移。小花想都没想就同意了。结婚时，她曾跟我说过，这辈子我们都不分居，说到做到，从上海到海口，从海口到北京，再到海南，再到云南，她的目光从来没有离开我。在相伴的六年里，她让我成了有家的男人，成了孩子的父亲，成了油画家，重新做回了小说家，成了一个健壮乐观、充满人情味和诗意的叫"马原"的山民。与此同时，再次去体检时，我的身体已经完全康复。

　　2015年，61岁的我在云南西双版纳的南糯山上一座破落的学校里安家了。简单的帷布遮了窗户，窗外有小井，有篱笆和菜地。每日我在地里劳作，看着庄稼滋滋成长，这便是我的终极理想——不留遗憾，不再为任何假象所迷惑，画画、写书、造房子，每天活在爱里……这便是我的故事，一个因祸得福的故事。

（摘自《读者》2016年第2期）

相永好，不言别

余平夫

社区里住着一对教授老夫妻，他们的故事凄婉而又美丽。

妻子王蒲柳教授原是某农业大学的土壤学专家，丈夫李汉雄是美国某大学的终身教授，现在回国，是几所大学的特聘教授。他们有一儿一女，远在异乡：儿子在德国读博士，女儿在内蒙古参与治沙造林工作。只有两位老人一早一晚，牵手在社区的湖畔、小道上漫步。他们向所有的邻居微笑点头，所有的邻居向他们点头微笑。他们的故事只有"青春飞扬俱乐部"的主任吴华知道，但她不肯向别人诉说。别人也从未打听过他们的故事，只觉得这是一对幸福的老夫妻。

渐渐地，邻居们发现王蒲柳教授变了，似乎变得木讷、呆滞，虽然见了邻居依然微笑，而且那笑容更加灿烂，却仿佛只是出于习惯，少了些内容。人们担心她是不是患了老年失忆症。人们开始主动同她说话，她却总是笑而不答。终于，社区服务站的工作人员为她请来了一位陪侍的小护士，并通过吴华悄悄告诉大家：王教授患了阿尔茨海默病，就是人们俗称的"老年痴呆症"，希望大家能好好地帮助她。

这天，吴华告诉"青春飞扬俱乐部"的朋友们，第二天，是李汉雄、王蒲柳两位教授的金婚纪念日，请大家一起参加，共同庆祝。大家自然非常愿意参与，但也有几人心生疑窦：他们的婚礼是在1978年举行的，怎么2012年就结婚50年了？我们参加了他们的婚礼呀！

两位教授的金婚纪念仪式办得热烈又温馨。当人们欢迎幸福的老夫妻致辞的时候，李汉雄教授讲了下面的故事：

"非常感谢各位亲朋好友的关爱，让我们度过这美好的一天。有几位朋友可能怀疑，他们参加过我们1978年的婚礼，至今才34年，怎么会是金婚呢？我必须如实禀告。

"我和蒲柳，是所谓青梅竹马，是少年时的伙伴，北京人说的'发小儿'。1955年和1956年，我俩分别考上了大学，相约大学毕业后结婚。谁知道1957年春夏之交，突如其来的一场变故粉碎了我们的美梦。蒲柳的父亲作为农业专家，曾经参与过一些教育家推行的'乡村建设运动'和'平民教育运动'项目。这些活动的组织者是梁漱溟、张东荪、晏阳初等大哲学家、大教育家。1957年之后梁先生的境况，今天70岁以上的国人很清楚。晏先生那时早已离国，后来帮助东南亚许多国家解决农业问题，效果如何且不去论，反正他的名声在国外灿如明星，而当时在国内他如'丧家之犬'。

"蒲柳年轻时脾气是颇为自信和爽直的，她不能忍受在她心中如济世大善人一样的父亲平白遭到诬陷，便为梁先生、晏先生和她父亲的事业辩诬。这一来，后果可知……好歹毕业了，那时，那时，她不要我去看她，不要我对别人说，我认识她……那时，我不好，真的不好！我竟然不敢去见她！她的苦……我增加了她的苦……我至今不能原谅我自己那个时候的软弱、没出息……那时我正处在被审查之中，审查结果决定是否能被公派出国留学……我的导师，也是审查我政治条件的负责人何教授（感谢他的在天之灵），把出国留学通知书交给我时，我忽然决定不去了，留在蒲柳身边。我眼含热泪刚一张嘴，何老师就伸出一只手，严厉地说："你年轻，不懂事！公派留学，你可能只有这一次机会。你的心思我明白，你要想救人，先得救自己。至于你怎样对人……我相信你。"他拍拍我的肩膀，说："你不会伤我这老头子的心！"我悄悄地通知蒲柳到紫竹院公园去，在那儿可躲到一个角落，隐藏一夜。那天，我们自己对月而拜，举行了自作主张的婚礼。我们的誓言是田汉先生的话剧《关汉卿》中的台词《双飞蝶》。剧中人关汉卿和他的恋人朱帘秀（四姐），面对可能的死刑，双双唱道："俺与你发不同青心同热，生不同床死同穴，待来年遍地杜鹃花，看风前汉卿四姐双飞蝶。相永好，不言别。"当然，我们把汉卿、四姐改成'汉雄蒲柳双飞蝶'发誓'相永好，不言别'。那天，是1962年10月13日，50年前的今天。这就是我们以今天为金婚纪念日的原因。

"当年，我们庄重地含泪说出这6个字的誓言，从未想到有如此沉重的代价：蒲柳有夫不能说，默默一人生活，也拒绝过许多同情者和追求者；我在异国他乡过着被乡愁熬煎的日子。不是不想回来，是蒲柳劝我不要回来。她是对的……她甚至劝我忘掉那6个字，说那只是个浪漫的梦，不切实际。可我不能忘，那是我对我的祖国、我的民族、我的家、我的爱人的许诺！忘掉它，我将失去生命，失去灵魂，失去梦想。哪怕是带血和泪的梦，也会有阳光照醒的清晨！

"当噩梦醒来时，我回来了！1978年的今天，我们补办了婚礼。这里就是我和蒲柳两次婚礼的证书：一张是写有'相永好，不言别'誓言的我俩自制的证书；一张是中华人民共和国民政部制作的结婚证。谢谢大家！"

他说完了，大厅里一片沉默，接着响起一片热烈的掌声，甚至还夹杂着抽泣声……忽然有人大声说："王教授呢？"大家一看，原来静静地坐在屋角的王蒲柳不见了。大家不由得惊慌起来，纷纷动身，要去寻找。这时，小护士素芳急急跑进来，气喘吁吁地说："怨我怨我，奶奶上厕所，一转身就不见了。"

大家一起跑出去寻找。远远的，在湖畔，在一片杨树和红枫掩映的小道上，王蒲柳急急忙忙地走着。她那件紫红色的薄呢外衣在秋日的阳光中显得那么鲜艳。人们喊着："王教授，王教授！"王蒲柳依然快步走着，不回头，也不驻足，仿佛什么也没听见。

这时，李汉雄快步走上前，说道："看风前汉雄蒲柳双飞蝶。相永好，不言别！"那声音不大，颤抖着。王蒲柳却忽然站住，慢慢回过头来，那双依旧美丽的眼睛，放出分外灿烂的光，紧紧地盯着李汉雄。大家都站住，看着李汉雄一步步走向王蒲柳。接着，李教授轻声唱起来："记得当时年纪小，我爱谈天你爱笑，有一回并肩坐在桃树下，风在林梢鸟在叫，我们不知怎样困觉了，梦里花儿落多少。"

王蒲柳先是呆呆地望着边唱边走近她的李汉雄，接着仿佛记起了什么，眼里闪烁着泪光，脸上涌起幸福的微笑，快步迎上，一下子抱住李汉雄，不住地喃喃着："你回来了，回来了，真好真好！相永好，不言别，不言别！"她把头靠在汉雄肩头，双眼浸满泪水，脸上却是灿烂的笑容。人们都悄悄地站着，没人说话，只有轻轻的抽泣声。"相永好，不言别！"

大家都听见了这6个字，这经风雨受磨难，不曾被熄灭的爱情的烛火，是多么美丽，多么强烈、持久……

（摘自《读者》2016年第4期）

我的母亲

汪曾祺

　　继母身体不好。她婚前咳嗽得很厉害，和我父亲拜堂时是服用了一种进口的杏仁露压住的。

　　她是长女，但是我的外公显然不宠爱她。她的陪嫁妆奁并不丰厚，她有时准备出门做客，才戴一点首饰，比较好的首饰是副翡翠耳环。有一次，她要带我们到外公家拜年，她打扮了一下，换了一件灰鼠的皮袄，我觉得她一定会冷。这样的天气，穿一件灰鼠皮袄怎么行呢？然而她只有一件皮袄。我忽然对我的继母产生了一种说不出来的感情——我可怜她，也爱她。

　　后娘不好当，我的继母进门就遇到一个局面，前房（我的生母）留下三个孩子：我姐姐、我，还有一个妹妹。这对于后娘而言当然会是沉重的负担。上有婆婆，下有小姑子，还有一些亲戚邻居，她们都拿眼睛看着，拿耳朵听着。

也许我和娘（我们都叫继母为娘）有缘，娘很喜欢我。

她每次回娘家，都是吃了晚饭才回来。张家总是叫两辆黄包车，姐姐和妹妹坐一辆，娘搂着我坐一辆。张家有个规矩（这规矩是很多人家都有的），姑娘回婆家，要给孩子手里拿两根点着了的安息香。于是我拿着两根安息香，偎在娘怀里。闻着安息香的香味，我觉得很幸福。

小学一年级时，冬天，有一天放学回家，我想大便，憋不住，拉在裤子里了（我记得我拉的屎是热腾腾的）。我兜着一裤兜屎，一扭一扭地回了家。我的继母一闻，二话没说，赶紧烧水，给我洗了屁股。她把我擦干净，让我围着棉被坐着。接着就给我洗衬裤、刷棉裤。她不但没有说我一句，连眉头都没有皱一下。

我妹妹长了头虱，娘煎草药给她洗头，用篦子给她篦头发。张氏娘认识字，念过《女儿经》。她念的那本，是她从娘家带过来的，我看过，书里面有这样的句子："张家长，李家短，人家是非我不管。"她就是按照这一类道德规范做人的。她有时念经——《金刚经》《心经》，她是为她的姑妈念的。

她做的饭菜有些是乡下做法，比如番瓜（南瓜）熬面疙瘩，煮百合先用油炒一下，我觉得这样的吃法很怪。

她死于肺病。

（摘自《读者》2016年第4期）

远方的灯

侯文咏

今天，冷冷清清的病房里，似乎有了些热闹的气息。护士在病房门上贴了画着小浣熊的海报，海报上面写着"生日快乐"，还附有英文。《生日歌》的旋律在耳边萦绕，病房内，五彩锡箔纸映着午后的阳光，闪闪发亮。

"等会儿别忙着走开，陈先生请大家吃蛋糕。"护士小姐笑眯眯地告诉我。

我比往常早一些踏进病房。我的任务是尽快做完例行的工作，这样在庆生开始之前，看护和护士还来得及替陈太太梳洗打扮。

透过气切管和氧气输送系统，我们能清楚地听到病人的呼吸声。她躺在床上，胸部随着呼吸起伏。12年来，她一直躺在这张床上，没有醒来过。由于长期卧床，她看上去相当羸弱，皮肤失去了正常的光泽和弹性。

　　每天快下班时我总看见陈先生带着鲜花过来。据说桌上那瓶玛格丽特花12年来不曾谢过。那男人很沉默，难得听见他的声音，有事和护士小姐商量时也是低着声音。他接过灌食针筒和液态饮食，很温柔地替陈太太灌食，那优雅的神态，像是咖啡厅中对坐的男女。有时候，他就坐在病床旁边的那把椅子上，牵着她的手，喃喃地对她说一些生活的琐事。

　　今天我的例行检查不像以往那么顺利。病人的呼吸、心跳比平时快，情绪也比较躁动，我怀疑是受到了感染。

　　大多数长期卧床的病患抵抗力都很弱。因此，一旦发生感染，很快就会散播开来，演变成菌血症。这种感染起初会引发肺炎、尿道炎、血管发炎，或者是任何轻微的炎症，因此我必须立刻找出感染源，愈快解决这个问题愈好。

　　我在走回护理站的走廊上遇见了陈先生和他的两个孩子，孩子们都穿着漂亮的衣服。

　　女孩已经上高中了，留着清汤挂面头，一副郁郁寡欢的样子。男孩是个初中生，有对大眼睛，看起来顽皮好动。

　　"孩子们长得真快。"我表示。

　　"等一下请医师一定过来吃蛋糕。"他微笑着说。

　　他带着孩子走向病房，听着那缓慢而稳重的脚步声，我忽然有许多感触。

　　有一次，我们站在落地窗前俯瞰台北市，他指着灯火明灭处一格一格的房屋向我诉说，哪一栋是他设计的。40多岁的建筑师，应该正处于事业的巅峰，可是他全然没有那样的神采飞扬，似乎只是在默默地承受着加诸他身上的一切，一步一步慢慢地走着——12年前的一个午后，他骑摩托车载着美丽的太太到花店买花，那时他还是个年轻人，建筑事务所才开张，他们想买些玛格丽特花来做装饰摆设。不幸的事故发生在回程的时候，一辆急转弯的计程车把那束玛格丽特花撞得散落满地……12年过去了，计程车司机都已刑满出狱，陈太太仍然昏睡不醒。

"我那时候要是稍微停一下就好了。"他曾这样对我表示。有时候我很想知道是什么样的坚强意志支持他走过这12年。

我走回护理站，搬出厚厚的好几册病历。翻到最近几次检查报告，偏高的数值显示细菌感染的可能。然而尿液检查、痰液检查、X光检查均找不出感染的征候，那么问题出在哪里呢？

考虑到最后，我想起由于长期卧床，她背后压出来的褥疮，通常这些表面感染很少引起发烧，除非组织已经溃烂得相当严重。不管如何，我得去看看。

"快点，医师叔叔，我们要开始了。"男孩子蹦蹦跳跳地告诉我。

"好，马上就开始了。"护士小姐帮我哄他，"你们几个先出去一下，医师叔叔帮妈妈换药，换好了，我们马上开始，好不好？"

孩子走出病房以后，护士帮我把陈太太的衣服拉开，翻开身，拿掉纱布，一阵恶臭扑面而来。

我试着用器械清除掉化脓的部分。当脓液从组织深处流出时，我立刻明白发烧到底是由什么引起的了。那个褥疮有小脸盆那么大，我的器械愈挖愈深，当碰触到硬物时，我不禁起了一阵寒战——已经蔓延到脊椎骨的部分了……不久，大家快快乐乐地在蛋糕上插上蜡烛，点起一盏一盏温馨的烛火。护士和看护又重新把她打扮起来，护理长，还有几位从前照顾过陈太太的医师都来了。

"谢谢大家这些年来无微不至的关照。"陈先生代表全家人致辞，"今天我们快快乐乐地聚在一起为她庆生，同时也祝福她早日康复……"

　　我望着桌上盛开的玛格丽特花，一直在想着那个褥疮。我不知道整形外科是否愿意替她做彻底的伤口扩创，然后做肌皮的移植与重建。我很怀疑病人是否能够承受得了这样的手术。可是似乎没有更好的办法了。褥疮、发烧、可怕的骨髓发炎、全身性菌血、休克……这一切可预见的结局都让人心寒。

　　接通了整形外科总医师的电话，他感到我的想法有些疯狂。

　　"我们从来没有为褥疮动过这么大的手术！为什么一个褥疮都照顾不好呢？"

　　"我知道，可是她患褥疮12年了，二十五号病房第三床，陈太太……"

　　"等一下，"他忽然打断我，"你是说二十五号病房的那个植物人？"

　　我静默不语，我想我已经知道了他的答案。

　　"帮帮忙，老兄，我们光是活人的手术都没时间做了，何况是植物人。你想，做了又能如何？"

　　挂上电话，我开始有点感伤了。

　　病房里的庆生会仍持续着，不时爆出一些笑声与掌声。然后我听见大家唱起了那首熟悉的歌曲。

　　我走进病房，看见一张张炽热的脸。烛光的黄晕落在大家的脸上，很愉悦地跳动着。我发现自己也莫名其妙地拾起调子，跟着大家一起唱歌。

　　黄昏走过病房的时候，庆生的人群早已散去，小孩也回家了。留下那男人，背对着我，望着落地窗外的台北市，我想我有必要和他谈一谈陈太太的情况。

　　当我走近时，才发现他的脸上挂着泪。见我走过来，他似乎有些赧然，但也不急着把眼泪拭去。

　　"你可以帮我把她搬下来吗？我想她会喜欢坐在这里，看看那些房屋。万一她真的睁开眼睛醒过来，她会发现，我们从前的许多梦想和设计，现在都已经实现了。"

我们很仔细地移动那些管线，终于把陈太太移下来，让她舒适地坐在椅子上。我沿着她的视线望过去，是桌上的玛格丽特花、落地窗、一座座高耸的建筑……"我在她身上找到这个，"他叹了口气，向我展示一根银白色的头发，然后自顾自地笑了笑，"没想到她竟然也会老。"

静静地站在那里，我明白，那是个庄严而美好的时刻，我不该再多说什么。我看见夜色透着淡淡的蓝，远方的灯火，一盏接着一盏亮了起来。

（摘自《读者》2016年第10期）

你必须爱我

陈 彤

　　我老公第一次到单位找我的时候，还只是一个老公候选人，嫁还是不嫁？他工作一般般，没有房子，没有存款，没有车，而且在短期内看不到明确的升职前景。可是在婚姻市场上，作为一名女性，我又有什么优势？我同样没有存款、没有车、没有房。

　　"妾乘油壁车，郎骑青骢马"的浪漫不属于我们。我们的结婚喜宴差得我都不愿意回顾，至今依然觉得对不起那些给我们出了"份子钱"的朋友。但很快，我就走了狗屎运——升职、加薪、出书，日子变得轻快起来，我们买了车，在郊区有了房，我开始喜欢大手大脚地花钱，他却不习惯——他那个时候想创业，所有想创业的人都对不必要的奢侈嗤之以鼻。

　　男人是厚积薄发的，他也开始走狗屎运，甚至有一天他对我说，他准备去香港。他在他们公司的网站上看到一则招募员工的广告，他比照了自己的条件，而且打了电话，说他这样的报名就能批——在香港工作，一年的收入比大陆两年的还要多，唯一的要求是不能带家属，而且一签最少是5年到8年，中间可以回来探亲。

然后是他忙他的，我忙我的，忙到有一天我一阵眩晕，开始以为只是怀孕，但不久就得知结果远远比怀孕要严重得多——我得了一种罕见的危及生命的肿瘤，这种肿瘤直到20世纪50年代，还是全世界范围内的绝症——所有得上的人无一幸免。

他等在拥挤不堪的医院走廊里，假装在看一张报纸，但是我看到他的眼泪早已经把报纸打湿。命运仿佛跟我开了一个无比残酷的玩笑——我刹那间失去了一切。没有男人会爱我这样的女人——不再年轻、失去健康、丧失工作能力。但是我想活下去，我对他说："我想活下去。"他看着我，说："你一定要活下去，要活到很老很老，否则你对不起我，对不起我什么都不干陪着你。"

我每天都忧心忡忡——我的老公32岁，他为了陪我，已经整整半年没有上班了。32岁，对一个男人来说意味着什么？机会稍纵即逝，我不想耽误他。我们开始争吵。有一天，我大喊大闹非要离婚，于是他开车带着我去办手续，但是到了门口，他忽然掉转车头。当时我假装凶狠地大喊："你为什么不停下来？咱们离婚啊！"

老公对我说："可以离，但是不能今天离。"

"为什么？"

"因为你今天并不是真的想离婚。"

"那你呢？你想离吗？你肯定想离，要不，你带我到这儿来干什么？"

"我是吓唬你的。"

"那么你会一辈子和我在一起，始终如一吗？"这是我的心魔。

"我说会，你就信吗？这个问题你不该问我，你该问你自己。"

我问了自己这个问题——直到我认为再不能用这个问题折磨自己了——世界上到底有没有永远不变的爱，正如人死后究竟有没有灵魂一样，这是一个信仰问题。当你相信的时候，它就存在，反之，它就不存在。如果你过分执着于得到一个最终的证明，你就会像与风车作战的堂吉诃德一样，不但徒劳，而且必将遍体鳞伤。

我最终意识到，我并不是想和他离婚，我是希望他留下来陪我，我之所以经常哭闹，是因为我害怕他嫌弃我。

现在，我们还是会争吵，但那只是夫妻间的争吵；我们还是会沮丧，但谁没有情绪低落的时候。不同的是，我重新燃起了生活的希望。我对他说："经过慎重考虑，我决定邀请你与我共渡难关。"他朗声大笑："你还有没有其他后备人选？"

我之所以讲这个故事，是想告诉你，生活中总有风风雨雨，你爱一个人，这个人也爱你，意味着什么？意味着你们原本是打算风雨同舟的。但是当风雨来临的时候，你还是会恐惧。大部分女人的恐惧就是选择"安静地走开"——我不够好，我不愿意拖累你，看到我现在这个样子，你肯定不喜欢，于是违心地说"我们分手吧"，以为自己率先提出，总是会更好一点。

在结婚的时候，两个人起誓说无论贫穷还是富有、疾病还是健康，都将一如既往地相爱，直到死亡把我们分开。说这话的人是不是觉得这只是说说而已？一旦有一个人遇到问题了，另一个人如果留下来，那么就是对自己人性的忽视。如果是这样，何必要结婚呢？干脆当初就写好协议：我只爱你富有，如果你贫穷了，别怪我离开，我还有选择美好生活的权利；我只爱你健康，如果你生病了，对不起，那是你倒霉，千万别拖着我。

其实，我知道和现在的我相比，他当然更爱年轻时代的我，那个时候我才华横溢，更关键的是，我健康、充满活力。但是，什么叫爱？如果爱就是截取一个人生命中最灿烂的时光，之后远走天涯再去寻找新的灿烂，那叫爱吗？

在我们的婚姻经历七年之痒的时候，命运给我安排了一场突如其来的灾难，我常常想，如果没有这场灾难，也许我和他早已劳燕分飞，因为我们已经没有在一起的理由了——他去香港可以拿到双倍的薪水，而我也可以像时尚杂志中的单身贵妇一样再寻寻觅觅，找一个配得上我身份和收入的男人。但是命运不是这样安排的，它让我懂得生活远不是一场投资游戏，你甚至永远无法知道什么样的男人是配得上你的，因为你不知道命运对你的安排——它可以使你瞬间失去一切，使你没有任何谈判的资本，使你配不上任何人，只要那个人四肢健全、五官端正。

如果我能活下去，我一定要对每一个人说，如果一个人爱你，他（她）必须爱你的生命，否则，那不叫爱，那叫"醒时同交欢，醉后各分散"。那种爱，虽然时尚，虽然轻快，但是毫无价值，因为你只要如日中天、一帆风顺，那种爱比比皆是、唾手可得。

无论你的生活遇到什么问题，你要记住——你没有选择，你必须让他了解这一点，并且说服他参与你的生活，你要告诉他，他的参与对你有多么重要。

在该坚强的时候要坚强，但是在最亲爱的人面前，你要真实。你不妨直说，野蛮一点："你必须爱我，你没有选择，如果你离开我，我将恨你。你说过无论我们的生活如何艰难，你都会和我在一起，现在就是这个时候，你该兑现你的诺言了。我需要你，你必须留下来！"

爱需要我们共同的努力，"亲爱的，我需要你。"说出这句话并不丢人。

（摘自《读者》2016年12期）

姐妹仨

朱天衣

我何其有幸有两个姐姐，又何其不幸有两个如此优秀的姐姐。

这句话大概可以概括我整个童年的心境。父母是从不过问我们学习成绩的，在这种几近放任自流的管理下，我的表现总不太令人满意，而两个姐姐的成绩排名总是第一。好在父母从不拿成绩说事，姐姐们也不会拿这些事压我，我们该吵的事照吵。不过，记忆中大姐和我似乎连口角也没发生过，除了因为我俩年龄相差大些，也和她与世无争的个性有关，而我和仅差两岁的二姐就没那么平静了。

在还是小短腿的年岁，我曾做过一件很蠢的事，一日心血来潮，居然拿炒菜用的油去浇花。大人回来后发现了，质问我们，面对盛怒的妈妈，我本能地摇头否认；而另一个受质疑的对象二姐，虽也矢口否认，但妈妈却选择相信看似老实的我，而不相信平日鬼灵精怪的二姐。当时只有我们两个在家，所以究竟是谁干了这档子事，我和二姐都很清楚。自此，是我心虚也好，或真有其事也罢，我老觉得背后有一双锐利的眼睛在盯着我。

那时的厕所是搭在过道上的，天黑上厕所本就令人发毛了，有一次二姐居然在我上厕所时从外面把灯关掉了。这真是令人愤恨不已，我一直想找机会报复，但精明的二姐哪可能让我逮着机会。后来一次瞅着大姐上厕所，我依样画葫芦地把灯给关了，二姐在第一时间跳出来吼道："你为什么关大姐的灯？"我回嘴道："那你为什么关我的灯？"二姐更凶地怒道："可是她没关你的灯呀！"我突然开窍道："那我也没关你的灯呀！"看着二姐哑口无言地愤愤离去，我不禁为难得打了一场胜仗而得意，而那与世无争的大姐则完全无事地继续在黑暗中上她的厕所。

二姐升上六年级后，被选为学校总指挥，每当晨会时，她都站在主席台上指挥大家唱歌，站在台下的我就老有些不驯，为什么一定要听她指挥呢？于是我便胡乱唱了起来，有时故意低八度或高八度，或者用歌剧的唱腔鬼哭狼嚎一番。

因为有着天才般的姐姐，我常作出难以想象的蠢事。这句话似乎也可以概括我整个童年。

我和大姐都属土象星座，二姐则是水象双鱼座，我们长大成人后，这土和水的特质就越发明显，若不是有二姐在中间发挥水的柔和功能，我和大姐约莫会像两块土疙瘩，难有搅和在一起的机会。大家平时各忙各的，全靠二姐提醒这个要过生日、那个发生了什么事。她就好像黏合剂，把她身边的人全黏合在一起。

二姐这个性子在小时候的我看来，简直就和管家婆一样，常弄得我心浮气躁。有一段时间，我们一同洗澡时，她逼着我背唐诗宋词，从李白的

"床前明月光"，到李后主的"春花秋月何时了，往事知多少"。记得背到最后一句"恰似一江春水向东流"时，我怎么也想不起来是什么水，河水、溪水都不对，那会是什么水？二姐气得赏了我一个脑嘣，怒道是"春水"。"春水"又是个什么东西？约莫也把我搞得恼羞成怒了，我们的诗词教学就在这摊"春水"中画下了休止符。

在我要升初中的那个暑假，二姐严正警告我，要开始读英文了，不然上中学会"死得很惨"。她排定每天早晨给我上课，从最简单的字母认起。但那两个月的假期，是我最后的童年时光，哪能浪费在ABC上。每天吃完早餐，我便像脱缰野马般跑出去玩，头两三天二姐还会站在家门前死盯着我，那眼神像利箭一般射得我背脊发寒，后来约莫她也觉得朽木不可雕也，便放任我去自生自灭了。

我们姐妹仨不仅相貌、体形大不相同，连个性、嗜好也相差甚远，这应当和父母的宽松政策有关，或可说他们是完全尊重我们仨人的自由发展。

就举头发为例吧！在我们还小，发型还归母亲决定时，仨人一律是"马桶盖"造型，就像日本卡通人物樱桃小丸子。后来大到可以自理了，便都蓄了长发，每天晨起，二姐会一边读报，一边自己编麻花辫；大姐则是到了学校自有同学为她编辫子；我是每周洗一次头时才打理一次，因此除了星期一之外，我的头发永远处在乱蓬蓬的疯婆子状态。

在吃方面，大姐的口味比较随和，而我和二姐各有自己的坚持——我最爱的柿子，是二姐最厌恶的；我觉得无滋无味的西红柿，二姐却视若瑰宝。为此我们俩曾达成协议，吃柿子时，她那一份给我；吃西红柿时，我的则给她。但很不幸，这两种食物产季不同，随着相隔时间拉长，这缺乏白纸黑字的口头约定，很容易因着某方选择性失忆而毁约。

此外，在享用美食时，我们仨人的方式也很不一样，大姐是点到为止、绝不贪多；二姐是以最快速度吞进腹中，且能吃多少就吃多少；我则喜欢把好吃的东西攒着慢慢享用。一次吃柚子时，约莫我又在那儿穷磨蹭，二姐终于忍不住过来说："我们来玩卖东西的游戏。"她居然会主动找我玩，而且还让我当老板，真让我受宠若惊。她要我把柚子肉剥成一小堆、一小堆地排好。她找了些小纸头做钞票，扮演顾客，把我的柚子收购一空。这游戏玩了两三年之久，直到有一天，我当完老板，眼睁睁看着二姐吃着我的柚子时，我才发现这游戏不太好玩，因为我手里握着的所谓钞票一点用也没有。

虽然我们姐妹仨一直朝着不同的方向各自发展，但每当需要枪口对外时，我们总是团结一致、抵抗外侮。

记得一次我领着刚学会骑车的二姐在外游荡，不想与一群恶霸男生狭路相逢，他们约莫是看我们只有两个人好欺负，便左右包夹，别我们的车。我的技术好，还撑得过去，但回头看到二姐歪歪扭扭就要连车带人跌倒。情急之下，我跳下车，紧紧抓住为首那个男生的车头，怒斥道："你们要干什么！"那吼声直比张飞在桥头把敌将给吓到摧心破胆的吼声了吧！顿时把那些恶霸给喝跑了，再回头看二姐时，她的小腿肚已被刮伤。我当时又气又恼，眼泪不自觉地滚了下来，我才知道自己贪长这大个子，原来是为了保护姐姐的。

此后，每当要抵御外敌时，我们便发展出一套模式，由我领头往前冲，姐姐在后面献策，以我的块头和她那超高的智商，真是无往不利。办出版社时，大姐挂名发行人，二姐任总经理，我则是负责管账的会计，每次要和中间商或书店谈生意时，姐姐总会先面授机宜，再由我出面，这样合作无间，总能谈到极好的条件。

不过我们姐妹联手也有失利的时候。一年元宵节，我们嫌提灯笼、执火把太老套，于是决定装神弄鬼来吓唬友伴们。由大姐扮鬼，把长发披散了，学京剧里的女鬼，耳际挂上两束白花花的长纸条，再穿上爸爸的黑雨衣，站在我们提灯笼夜游必经的坡坎上。

这鬼戏上演时，却全乱了套。那晚我和二姐一前一后押着队伍朝大姐那儿走去时，别人还没吓着，我和二姐的心脏已快受不了了，也因此在还没到达约定地点时，自己便已乱了阵脚，惊吓道："鬼！有鬼！"随即一堆小萝卜头跑的跑、摔倒的摔倒，好不容易屁滚尿流逃到路灯下，询问的结果是，没有一个人看到"鬼"，包括我和二姐。

大姐那方的描述是，她站在坡坎上喂了一阵子的蚊子，好不容易看到一列歪歪扭扭的灯火朝她走来，还没等她伸出舌头、左右摇晃，便听得一阵喊叫，全跑得无影无踪。所以说，我们忙活了一下午，结果除了我和二姐，一个友伴也没吓着，这是我们姐妹仨联手难得的失败作品。

（摘自《读者》2016年第15期）

总有些感恩有始无终

米 立

　　待在家里的那几天，父亲的脸笑成了一朵花，我却犯了愁：一是连着几日，我都没有找到合适的养老院；二是我不知道该怎样跟父亲提这件事。

　　父亲似乎看出我的顾虑，一再追问，我被迫说出此番回来的目的。

　　我说："爸，我在北京的工作很稳定，没法回来陪你，但是，我的收入又不高，不能把你接到北京照顾，所以，我想帮你找家养老院，你在那里生活，我也会放心一些。"我极尽诚恳地说着这一切，但心里明白，只是借口而已。父亲听完，神情黯淡下来。

　　虽然我知道他不会和我一起去北京，他肯定舍不得离开这个生活了一辈子的家，可他如果真要待在家里，我难免又会心烦。毕竟这是生我养我的父亲，在他的生活快要不能自理的时候，我不允许自己不以为意。

　　没想到，父亲回过神来，笑着说："我觉得咱们社区的那家就很好，我明个儿就搬过去。"

那家养老院，我考察过，环境太差，我于心不忍。父亲固执地开始收拾一些生活用品。他一边收拾，一边喃喃自语："去养老院好，去养老院好，去了，孩子也省心。"

看着父亲在昏暗的灯光下佝偻的背影，我再也忍不住了，鼻子发酸，潸然泪下。但是很快，我就抹去腮边的泪水，生活让我只能这样选择。

那个晚上，父亲的言语一直不多，他不停地摆弄家里的物件，翻翻这个，动动那个，一副极其舍不得又无奈的表情。我不忍看下去，早早回到自己的房间。

那天晚上，我久久无法入睡，从门缝里钻进来的灯光告诉我，父亲也是一夜未眠。夜晚那么漫长，父亲的叹息声时不时地穿过厚厚的门板，冲击着我的耳膜。

第二天一早，当我肿胀着双眼，出现在父亲面前时，他一脸快乐的表情，仿佛从来就没有伤感过，没有失落过。

早餐是父亲做的，煎蛋、豆浆，还有几个热乎乎的包子。我一眼便认出那几个包子是原来上中学时，校门口那家的。我非常喜欢吃他们家的包子，后来上大学，偶尔回来，父亲一大早便骑上自行车，给我买回来。现在，父亲老了，骑不动车子了，一定是早上赶了好远的路才买回来的。

父亲见我发愣，笑着说："快吃，快吃，一会凉了，我早上晨练，专门用保温瓶给你带回来的。"

最后，我把早点一扫而光。收拾完毕后，父亲最后一次检查家里。一路上，父亲一直走在前面，我看不清他的表情，但我能看到他的背影。想起年少时，父亲第一次送我上幼儿园的情形：他一直把我抱在怀里，直到进了幼儿园，才极其不舍地把我交给老师。初去的那几天，我总是哭闹，后来，父亲把我送到幼儿园，他一直站在幼儿园的栅栏门外，看我在院子里玩耍。隔着栅栏门，看到父亲，我再无惧怕，玩得很开心。现在，我依然清晰地记得那时的感觉。每天放学，我都渴望父亲早些出现在幼儿园门口……而此刻，父亲就像一个孩子，我把他送进养老院，他是否也会不适应，是否也会想着有一天，我会出现在养老院门口，接他回家。

我再也忍不住了，泪如泉涌。正是眼前这个人，给了我一个家，陪着我渐渐长大。我从背后抱着父亲，开始觉得我是那样渺小、自私、卑鄙不堪。以前，父亲有我有家，后来，我离他越来越远。现在，我竟然让他连个家都没有。想到这里，我忍不住失声痛哭，父亲一直没有转过身，但我感觉到手背上有父亲掉落的泪。

我哽咽着说："爸，咱不去了，咱回家吧。"他拼命地点头。

几天后，我带着父亲回了北京。我可以吃得差一点、穿得差一点，可是给了我生命、给了我家的这个男人，我再也不想让他受半点委屈。自此以后，我会一直在父亲身边，站成一棵树，开满一树感恩的花，花叶不败，感恩无终。

（摘自《读者》2017年第6期）

老爱情

蔚新敏

午觉睡醒，老先生上网，老太太泡茶。老先生叫老太太过来看，一个小青年，因为女朋友没化妆，大庭广众之下，把花摔给女朋友走了，剩下女朋友哇哇大哭。老太太看了没吱声，放下茶具，解开围裙，拎包朝外走。老先生一把拽住她，问："哪儿去？"老太太说："怕你把我甩喽，我买化妆品去。"

老先生道："我家老太太，玲珑的小脸赛许晴，皓齿明眸，酒窝点点，风姿绰约……"

老太太美了。改天老两口儿一起上街，老太太给老先生梳头、刮脸。老先生嫌捯饬烦，说："我又不找对象。"老太太说："你不化妆，我怕人家以为我傍了个老头呢。"

老先生今年88岁，老太太85岁。老两口儿每天都有欢喜戏上演，你一句我一句，台词即兴发挥。即使儿子、儿媳妇、孙子在，老两口儿也是旁若无人，你们看你们的，他俩演他俩的。

1948年，老先生在战争中受伤，住院，先是小唐护士护理。老先生疼，打滚叫喊，小唐好吃好喝侍候也不行。老太太那时也是护士，主动替了小唐，给老先生讲故事。老先生就乖了，不喊不叫，小唐嫉妒得要死。老先生伤好后，就和老太太订了终身。开国大典那天，老太太把老先生“娶”进门，老先生自封“共和国第一位上门女婿”。

孩子们都说老先生赚了，娶了媳妇还落了个大宅子。老先生却说亏了，没要彩礼。老太太就轰老先生去外面锻炼，说身体结实了你再娶我，背我上楼。说完，二位“演员”没笑，他们不笑场，孩子们乐得要喷饭。

老先生本不识字，老太太上过私塾。婚后，老太太强迫老先生写字，老先生说会拿枪就是本事，写字做啥。“写字也是枪，双枪总比单枪好。”老先生没辙，开始学。老太太哄着他，会十个字就给他讲个故事，故事随便老先生点。

会写字后的老先生就忙了，从部队回来，常常伏案写信，嘱咐老太太别看，跟你没关系。一天，老太太看了一封信，情意绵绵的，一看就是写给女人的。老太太就噘起嘴。老先生说：“你看看，说不让你看，你非看，跳醋缸了吧！都是给战友写的追女朋友的样板，我写，他们抄。”老太太吃醋都出名了，索性就吃定了，要老先生时不时写情书给她，老太太用故事做奖励。就这样，老太太把老先生听故事的毛病给惯出来了。

老先生尤其喜欢听安徒生的《老头子做事总不会错》。故事讲的是老伴儿让老头子牵着马到集市上换有用的东西，老头子先换了头牛，后换成羊，又把羊换成肥鹅。他每次都觉得换回的东西老伴儿有用，辗转几次换回来一袋烂苹果。回家后，老伴儿不但没打他，还给了他一个响亮的吻。老先生总是听得如痴如醉："老伴儿真好，真好！"老太太问："谁好？"老先生就说："你好，你好。"

那年领导要调老先生去北京当大官，老先生却自作主张办了离休。因为岳父岳母都老了，上门女婿得顶起来。领导、朋友都替他惋惜，说他的前程就这样断送了。老太太却说："挺好，挺好，你做的都是对的。"

2016年10月1日，孙子带对象来了，老先生缠着人家姑娘给他讲故事，姑娘不会讲。老先生让姑娘念《老头子做事总不会错》，姑娘为难，苦大仇深似的，念得磕磕巴巴。没几天，他俩就散伙了。老先生说，他早就知道，凡是不喜欢这个故事的，都不是好媳妇。几个儿媳妇"串供"后才发现，她们第一次上门，老先生也让讲的这个故事。

老先生自有他的道理，女人当家，就要爱她的男人，赞美他、肯定他、包容他、鼓励他，就算他为了家好，做了赔本的交易，也要善待他。孙子哇哇大叫，原来这童话故事是爷爷的一道爱情考题，没进门，先洗脑。

老先生指着老太太，狡黠地说："我考了你奶奶将近70年了。"老太太嗲声嗲气："考过了，也没见爱情的玫瑰。"老先生说："别信玫瑰，那玩意儿又贵又容易凋零。"老太太问："那信啥？""信我。"老先生刚一出口，老太太就给了他一个幸福的微笑。

这是我见过的最老的爱情，却依然美得像童话。相濡以沫中有小花招、小霸道、小调皮，却满是真诚和欢喜。

（摘自《读者》2017年第12期）

我和我的太太

童自荣

  这是一个年近75岁的男子，以满腹深情写下的一些文字，是赠予她的生日礼物，而这个她，就是我的太太。太太意味着什么呢？意味着无论我富有还是贫穷，她都是要陪伴我一辈子的女人。这可不是开玩笑的。

  是啊，我们的恋情，应该说并无太多传奇。但愿你看了我们的故事，会感到温馨，且嘴角不时地漾起微笑，这就够了。

  我和我太太的恋爱，如同千万普通百姓一样，是从经人介绍认识开始的。比起一见钟情，好像少了许多浪漫，但也是一种缘分使然，且可靠性和温暖并不亚于那精彩如小说一般的婚姻。

  1971年，一位亲友应我的请求送来3张黑白照片，作为相亲的开始。相片上的女孩子挺清秀的样子，有一种学生气的美丽，这让我很有好感。又听说，她为人是少有的干净和清纯，甚至有点趋于封建了——走在外头目不斜视，冷冷的，谁也不理睬。我不由暗中欣喜，好极了，这合我的胃口。

第一次约会，是在大上海电影院看《白毛女》。在耀眼的霓虹灯下，她如约而至（当然由亲友陪着）。我只看了她一眼，还是侧面，已有惊为天人或者说惊为天仙之感。我赶紧收回我的视线，不好意思再看。电影情节是熟悉的，但那天等于没看。结束后，我单独送她回家，不免有一些交谈。好像她有意愿找一个从事艺术工作的男生。那天，她最后不冷不热地抛给我一句话："你觉得有必要再聊一聊，也可以。"这才有了我们的第二次约会。

我这个人自己不怎么样，对别人却十分挑剔，因此和我做朋友实在很难。当她从照片上"走"下来，本以为她会显露出她的不完美，但这个女孩儿和我想象中的大不一样，她比照片上还要有吸引力。坦白说，我没有失望。

第二次见面，是在市中心的一个公园。是一个晚上，我从一堆施工用的小石头堆后面跃出，轻轻地叫了她一声："小杨。"她好像吓了一跳。她后来说："你怎么好像孙大圣一样从石头缝里蹦出来？"她还有一个深刻的印象，我雄赳赳、气昂昂，像个解放军战士。

她是个影迷、戏迷，她迷越剧，还迷沪剧，我立马觉得彼此亲近了许多。除了配音，之前我还陷在评弹、沪剧艺术里不能自拔。那个年轻的袁派唱腔的首创者袁滨忠，我视之为一百年才能出来一个的好嗓子。然而我是停留在想象阶段，顶多在广播里收听节目，她却不但去现场看了他的演出，还在散场之后，到演员的必经之路上，与一大帮粉丝一起，试图一睹其生活中的风采。

一想到那个场景，我就不禁发笑，因为她那时候才读初中。她还提到，她大哥有时会带她去书场听书，哇，满场子的"遗老遗少"都惊讶地向她行注目礼，好像"天上掉下个林妹妹"。得，我和她至少在醉心于艺术这一点上有共同语言，因此，以后逛街不愁会出现什么尴尬的冷场了。但让我深感对不住的是，直到这时，我依然在做配音的白日梦，早早晚晚在校园里混，前途未卜，希望渺茫。她是冒着风险，来到我身边陪我做梦。

怀着含含糊糊的希望，或是所谓在上戏当老师的错觉，1972年春节，我们结婚了。是上天保佑吧，也是托我贤妻的福，1972年，学院领导突然宣布，所有滞留在学院里的学员，一律实行再分配，又适逢上译厂需要补充新鲜血液，于是我逮住这个天大的机会，在表演老师不遗余力的帮助下，在做了12年配音梦之后，终于圆了梦，成为一名配音演员，有了一份我此生最喜欢也最适合做的工作。我的心里充满幸福感，我的太太因为把她的人生之梦都寄托在我的身上，也因此充满了幸福感。这件事发生在1973年1月，之后，什么收入偏低、无名无利以及跑5年龙套等状况，我是都不放在心上的了。

就在这一年的2月，我们的儿子出生了，这令我大喜过望。

回想我踏进上译厂以及成名前后的岁月，对于我太太给我的支持，我真诚地在心里说：辛苦你了，有你真好。事实上，因我做事一向过分投入，接到一个角色，我便全身心投入其中，懒于再过问其他事，细小的家务当然更不管了。为了做好工作，骑车背台词也曾被大卡车撞飞，中午怕嗓子充血，不吃午饭亦是常有之事。我整天恍恍惚惚如梦游一般，这就苦了我太太。真难以想象过去的一天又一天，她是怎么过来的。对付一日三餐，抚养、辅导小孩（5年后我们又添了一个女儿），除此之外，她还要上班，而她从前是大小姐，连手绢都是家人洗的。一切需从头学起，而我妈妈又特能干，要求也就特别严格，所以我太太的日子过得并不轻松。

　　她婚后是能省则省，跟从前读书时判若两人。但我看她一点也不抱怨，有事则是默默地忍着。特别对不住她的是，她两次生孩子，我都怕影响工作，不好意思请假，在她最需要我的时候，我却未能陪在她身边，致使她独自一人对着头顶白白的天花板发呆……当配音演员，发财梦是做不成了，但说实话，名气多少会有一点，特别是配了许多重要角色，尤其是配了"佐罗"后，名字会随着影片飞到全国各地，一时间，我好像红遍大江南北。其实，这完全是无心插柳，事前我完全没有想到，也丝毫没有刻意去追求。

　　当然，我们都非圣人，在这种情况下，心态不免有些得意，也是人之常情。相亲相爱10年之后，我终于有了一份事业上的名声，给我太太脸上带来光彩（哪怕这和金钱基本挂不上钩），我是深感欣慰的。或者可以这样说，她对我的好，我一直在心底埋着要报答她的心愿，现在我终于如愿以偿了。而我太太比我要沉得住气，她不张扬、不炫耀，更满足于把听我配音作为自己的最大享受，这是她的家教所致。

　　而令我得意得更多的，是我们的儿子生得少见的好看、少见的可爱。我那时还处于跑龙套阶段，不太忙，于是有一回兴致上来了，一早就把儿子抱到译制厂演员候场室。就像在我太太的亲友、同学、同事中一样，同样引起了轰动。有同事说，希望这孩子永远不要长大。像邱岳峰老师，干脆一把把他抱走，去马路对面的杂货店给他买巧克力。的确，我和我太太都是凡夫俗子，有了以上这些补偿，心里挺满足的，但我在此要声明，我的太太远比我沉得住气，她习惯于低调，有修养、有家教，决不至于忘乎所以。

　　日子一天一天过去，有快乐（这是主要的），也有酸楚。一转眼，几十年过去了。如今我已年过70，我的太太看起来比我年轻得多，不过也接近70岁了。自然，各种老年性疾病纷纷冒出来，所幸我们俩身上的"零件"基本上还都在，又有一个与众不同、招人怜爱的小外孙，今年还会有一个孙子或孙女出生。

现在，我和我太太都已退休多年，没闲着，也非大眼瞪小眼无话可说。除了非常乐意地辛苦着——带小外孙，我有我的一些社会工作，她则有她的朋友圈，当然少不了还有一份家务。生活还是这样充实。

这把年纪了，闲暇时，我爱天马行空地胡思乱想，不免会怀着无限感慨，对过去多加回顾和总结。彼此的优缺点，是每天必须面对的。我这个人缺点一抓一大把，诸如孤僻、固执、偏激、兴趣单一，是个干巴巴且挺乏味的男士。而我简直找不出她有什么明显的缺点。跟我恰恰相反，她虽不是能说会道的人，但人缘极好，大家都喜欢和她交朋友，因而形成好些朋友圈，自己再有不悦，也容易被冲淡。

我欣赏她对生活浓浓的情趣，还有向往读书的那种劲头。可惜，因为"文革"，她一心向往上医学院的梦破灭了。后来孩子们大了些，她又重燃出去上学进修的念头，却因我的冷淡而被扼杀。后来她听说有老年大学声乐班在招生，一周仅半天，她就非去不可了。我趁机动员她报烹饪班，她听了几乎要跳起来，我赶忙说："报唱歌，报唱歌。"

现在我知道她还有两个心愿。首先她有驾车的瘾，考驾照居然也是一次通过，以她65岁高龄，一举拿下驾照，让她的教练脸上好生光彩。拿到驾照，她喜滋滋地开始研究买哪款车了，被我和儿女拦住。这把年龄，别做"马路杀手"啦，孩子们有事儿没事儿都能载着我们出去，就够了！她还有一个心愿，就是家里能再出一名演员，因为下一代再无人从事声音艺术对我们来说颇为可惜。

最近，我和我太太经常聊的是健康方面的话题。她常常叮嘱我，要当心身体，我们彼此都要当心身体。是啊，人生虽有种种不尽如人意之处，但生活毕竟是美好的，我们俩亦可以经常获得一份好的心情。

我们知足。

（摘自《读者》2017年第21期）

我与酒

莫　言

30多年前，我父亲很慷慨地用十斤红薯干换回两斤散装白酒，准备招待一位即将前来为我爷爷治病的贵客。父亲说那位贵客是个性情中人，虽医术高明，但不专门行医。据说他能用双手同时写字——一手写梅花篆字，一手写蝌蚪文——极善饮，且通剑术。他酒后每每高歌，歌声苍凉，声震屋瓦；歌后喜舞剑，最妙的是月下舞，只见一片银光闪烁，全不见人在哪里。这位侠客式的人物，好像是我爷爷的姥姥家族里的人，不惟我们这一辈的人没见过，连我父亲那一辈的也没见过。

那年，爷爷生了膀胱结石——当时以为尿了蚂蚁窝——求神拜佛，什么法子都试过了，依然不见好转。痛起来时，他用脑袋撞得墙壁咚咚响，让我们感到惊慌失措。爷爷的哥哥——我们的大爷爷是乡间的医生，看了他弟弟这病状，高声说："没有别的法子，只好去请'大咬人'了。虽轻易请不动他，但我们是老亲，也许能请来。"大爷爷说这位"大咬人"喜好兵器，便说服爷爷把分家分到他名下的那柄极其锋利的单刀拿出来，作为求见礼。爷爷无奈，只好答应，让父亲从梁头上把那柄单刀取下来。父亲解开十几层油纸，露出一个看上去很粗糙的皮鞘。大爷爷抽出单刀，果然是寒光闪闪、冷气逼人。据说这刀是一个太平军将领遗下的，是用人血喂足了的，永不生锈。大爷爷把单刀藏好，骑上骡子，背上干粮，搬那"大咬人"去了。"大咬人"自然就是那文能双手写字、武能月下舞剑的奇侠。父亲把酒放在窗台上，等"大咬人"到来。我们弟兄俩，更是盼星星盼月亮一样盼着他。

盼了好久，也没盼到奇人，连大爷爷也一去不返。爷爷的病日渐沉重，无奈，只好用小车将他推到人民医院，开了一刀，取出一块核桃大的结石，救活了一条命。等爷爷身体恢复到能下河捕鱼时，大爷爷才归来。骡子没有了，据说是被人强抢去了；身上的衣服百孔千疮，像是在铁丝网里钻了几百个来回；那柄单刀却奇迹般地没丢，但刀刃上崩了很多缺口，据说是与强盗们格斗时留下的痕迹。奇侠"大咬人"自然没有请到。

"大咬人"没来，爷爷的病也好了，那瓶白酒在窗台上，显得很是寂寞。酒是用一个玻璃瓶子盛着的，瓶口堵着橡胶塞子，严密得进不去空气。我常常观察那瓶中透明的液体，想象着它芳香的气味。有时还把瓶子提起来，一手攥着瓶颈，一手托着瓶底，发疯般地摇晃，然后猛地停下来，观赏那瓶中无数的纷纷摇摇的细小泡沫。这样猛烈摇晃之后，似乎就有一缕酒香从瓶中散溢出来，令我馋涎欲滴。但我不敢偷喝，因为爷爷和父亲都没舍得喝，如果他们发现酒少了，必将用严酷的家法对我实行毫不留情的制裁。

终于有一天，当我看了《水浒传》中那好汉武松一连喝了十八碗"透瓶香",手持哨棒,跟跟跄跄闯上景阳冈与吊睛白额大虫打架的章节后,一股豪情油然而生。正好家中无人,我便用牙咬开那瓶塞子,抱起瓶子,先是试探着抿了一小口——滋味确是美妙无比,然后又恶狠狠地喝了一大口——仿佛有一团绿色的火苗儿在我的腹中燃烧,眼前的景物不安地晃动着。我盖好酒瓶,溜出家门,腾云驾雾般跑到河堤上。我嘀嘀怪叫着,心中的快乐无法形容,就那样嘀嘀地叫着在河堤上头重脚轻地跑来跑去。抬头看天,看到了传说中的凤凰;低头看地,有麒麟在奔跑;歪头看河,河里冒出了一片片荷花;再看荷花肥大如笸箩的叶片上,坐着一些戴着红肚兜兜的男孩,男孩的怀里一律抱着金翅赤尾的大鲤鱼……从此,我一得机会便偷那瓶中的酒喝。为了不被爷爷和父亲发现,每次偷喝罢,便从水缸里舀来凉水灌到瓶中。几个月后,那瓶中装的究竟是水还是酒,已经很难说清楚了。几十年后,说起那瓶酒的故事,我二哥嘿嘿地笑着坦白,偷那瓶酒喝的除了我,还有他。当然他也是喝了酒回灌凉水。

我喝酒的生涯就这样偷偷摸摸地开始了。那时候真是馋呀,村东头有人家喝酒,我在村西头就能闻见味道。有一次,我竟将一个当兽医的堂叔给猪打针消毒用的酒精偷偷喝了,头晕眼花了好久,也不敢对家长说。长到十七八岁时,有一些赴喜宴的机会,母亲便有意识地派我去。是为了让我去饱餐一顿呢,还是痛饮一顿呢,母亲没有说,她只是让我去。其实我的二哥更有资格去,也许这就是"天下爹娘向小儿"的表现吧。有一次我喝醉了回来,躺在炕上,母亲正在炕边擀面条,我一歪头,吐了一面板。母亲没骂我,默默地把面板收拾了,又舀来一碗自家做的甜醋,看着我喝下去。我见过许多妻子因为丈夫醉酒而大闹,由此知道男人醉酒是让女人顶厌恶的事,但我几乎没见过母亲因儿子醉酒而痛骂的。母亲是不是把醉酒看成是儿子的成人礼呢?

后来当了兵，喝酒的机会多起来，但军令森严，总是浅尝辄止，不敢尽兴。我喝酒的高潮是在写小说写出了一点名堂之后，时间大约是1986年至1989年。那时，老百姓的生活水平有了很大的提高。每次我回故乡，都有赴不完的酒宴。每赴一次宴，差不多就要被人扶回来。这时，母亲忧虑地劝我不要喝醉。但我总是架不住别人的劝说，总觉得别人劝自己喝酒是人家瞧得起自己，大有受宠若惊之感，不喝就对不起朋友。而且，每每三杯酒下肚，便感到豪情万丈，忘了母亲的叮嘱和醉酒后的痛苦，"李白斗酒诗百篇""人生难得几回醉"等壮语在耳边轰轰地回响。所以，一劝就干，不劝也干，一直干到丑态百出。

小时候偷酒喝时，心心念念地盼望着，何时能痛痛快快地喝一次呢？但20世纪80年代中期以后，我对酒厌恶了。进入90年代，胃病发作，再也不敢多喝。有一段时间，干脆不喝了。无论你是多么铁的哥们儿，无论你用什么样的花言巧语相劝，我都不喝。这样尽管伤了真心敬我的朋友的心，也让想灌醉我看我出洋相的人感到失望，我的自尊心也受到损伤，但性命毕竟比别的都重要。

不喝酒就等于退出酒场中心，冷眼观察。旁观者清，才发现酒场上有那么多的名堂。

饮酒有术，劝酒也有方。那些层出不穷的劝酒词儿，有时把你劝得产生一种即便明知杯中是耗子药也要仰脖灌下去的勇气。在酒桌上，几个人联手把某人灌醉了，于是皆大欢喜，俨然打了一个大胜仗。富有经验的酒场老手，并不一定有很大的酒量，但能保持不醉的纪录，这就需要饮酒的技术，这所谓的技术其实就是捣鬼。有时你明明看到他把酒杯子干了个底朝天，其实他连一滴也没喝到肚里。

我最近又开始饮酒，把它当成一种药，里边胡乱泡上一些中药，每日一小杯，慢慢地啜。我再也不想去官家的酒场上逞英雄了，也算是进入不惑之年后可圈可点的进步吧。

（摘自《读者》2018年第1期）

明年我回家

何建明

10年前，父亲患绝症，永远离开了我们。没有了父亲，我们不愿再像以前那样每年回到那座围墙内的小楼里。母亲一人独守这座空荡荡的房子也不合适，妹妹便将她接到自己家住。

然而，母亲虽住女儿家，却总是隔三岔五地要回老宅去。"她不听的！风雨无阻！"妹妹经常在电话里向我抱怨。听多了，有时我也会假装生气，在电话里"责令"母亲不能再没完没了地往老宅跑了，尤其不能开那辆"碰碰车"（后来改成电瓶车），但母亲依旧我行我素。

那天晚上，我陪母亲回老屋。我们姗姗而行在故乡的小路上，观现忆往，别有一番滋味和感慨。

到了自己家的院子，母亲掏出钥匙，很用力地将"铁将军"拉开——那大门很重，母亲用力时整个身子都往上"跳"了一下，有点"全力以赴"

的感觉。我伸手帮忙，却被母亲阻止："你挪不动的！"她的话，其实更让我心痛：我一个大男人挪不动，你一个八十五六岁的老太太怎么能挪得动呀！

看完前院的桂花树、后院的柿子树，母亲带我进屋。母子俩事先没说一句话，却不约而同地进了楼下一间放置我父亲骨灰和遗像的房间。

"阿爹，小明回来看你了！"父亲含笑地看着我们，只是那笑一直是凝固的——那是他相片上的表情。啊，十年了，只是一转眼的工夫！那一年，我带着采访华西村吴仁宝的任务，顺道赶回家看望病重的父亲，当时他无力地朝我挥挥手，说："你的事不能耽误，快去吧。吴仁宝是我熟人，我们都是干出来的……"这一年，父亲走了。七年后，他的熟人吴仁宝也走了。

三鞠躬后，我为父亲点上一支香烟，再插上一把母亲点燃的香……我忍不住哽咽起来，像少时在外受了委屈后回到家的孩子。

"走，看看你的房间。"母亲怕我太伤感，一把拉我上楼。

其实从进门的第一眼，我已经注意到：房间内，无论是墙还是地，无论是桌子、椅子还是沙发，甚至电话机，都与我以前在家里看到的一模一样，放在原位，整齐而洁净。"还这么干净啊！是你经常擦洗的？"

母亲含笑道："我隔三岔五回家就为干这些事，把所有的地方都擦一遍……不要让你爹感觉没人理会他了，也好等你们回来看着舒服。"

母亲最后把我领进我的房间。一张宽宽的床，上面盖着的是我熟悉而陌生的黑底花被面。被子的夹里是土布，那土布是母亲和姐姐亲手织的，尽管摸上去有些粗糙，但它令我脑海里立即闪现出当年母亲与姐姐的双手在织布机上日夜穿梭的情景……床边是一排梳头柜，也叫书桌，上面的相框内，是父母引以为自豪的他们的儿子在部队当兵、当军官时的照片，以及与他们的合影。那个时候，我们全家人多么幸福，好像有我这个当连级干部的军官就知足了！

"看，里面全是你的书！"母亲拉开一个个抽屉让我看。令我惊喜的是，它们多数是我早期的作品，有的我早以为遗失了。母亲一边唠叨着，一边弓着腰，开始翻箱倒柜。"这是你的衬衣，没穿两次。""这件棉衣，是那年冬天你回家时特意给你缝的。""看，这是你爹让你从部队拿回来的解放鞋，还是新的，他都没来得及穿……"二三十年了，母亲竟将我曾经用过和我孩子用过的衣物，一样样保存得如此完好！

"你看这个……"母亲从一个包袱里拿出一个暖水袋，说，"还记得那一年你们第一次春节回家，我给小孙女买的这个暖水袋吗？"

"记得！怎么不记得呢！"我一把抓过暖水袋，摸了又摸，眼睛很快模糊了……那一年冬天，我带女儿回家探望父母，遇上特别寒冷的天气。南方没有暖气，屋子里跟冰窖似的，母亲急得不行，半夜打着手电去镇上敲商店的门，硬是让人家卖给她一个暖水袋。不想回家途中，雪路很滑，母亲连摔了好几跤，卧床几天后方康复。

"倒上热水还能用。啥时你带我孙儿们回来？"母亲顺势拿过暖水袋，认真地看着我，"他们都回来你也不用担心，我这里啥都有……"母亲像变戏法似的，又从柜子里拿出两个暖水袋，还有电热毯、铜热炉和夏天用的凉席、毛巾被、竹扇……一年四季所需物品，应有尽有。我吃惊地张大嘴巴。母亲喃喃道："你们要是回来，这些都能用上。"她抱过一床棉被和一条床单，放在我手上。

棉被软软的、暖暖的，像刚从太阳底下收进屋似的。我顿觉有一股巨大的暖流涌遍全身，然后融入血液，一直暖到心窝。

就在这天晚上，我异常庄重地对母亲说："妈，我现在懂了。"

母亲惊诧地看着我，问："你懂啥了？"

我说："明年我就回家来！"

母亲有些不安地笑了。这时，她的双眼闪着泪光……

（摘自《读者》2018年第2期）

父亲的请帖

乔 叶

    父亲一直是我所惧怕的那种人，沉默、暴躁、独断、专横，除非遇到很重要的事情，否则平日很少和我直言搭腔。日常生活里，常常都是由母亲向我传达"圣旨"。若我规规矩矩照办也就罢了，如有一丝违拗，他就会大发雷霆，"龙颜"大怒，直到我屈服为止。

    父亲是爱我的吗？我不知道。

    和父亲的矛盾激化是在我谈恋爱以后。

    那是我第一次领着男友回家。从始至终，父亲一言不发。等到男友吃过饭告辞时，父亲对男友冷冷地说了一句："以后你不要再来了。"

    那时的我，可以忍耐一切，却无法忍耐任何人逼迫和轻视我的爱情。于是，我理直气壮地和父亲吵了个天翻地覆。但后来才知道，其实父亲对男友并没有什么成见，他只是想习惯性地摆一摆未来岳父的架子和权威而已。可以说，在很大程度上，是我的激烈反应大大激化了矛盾，损伤了父亲的尊严。

"你滚！再也不要回来！"父亲大喊。

正是满世界疯跑的年龄，我可不怕滚。我简单地打点了一下自己的东西，便很"英雄"地摔门而去，住进了单位的单身宿舍。

这一住，就是大半年。

深冬时节，男友向我求婚。我打电话和母亲商量。母亲急急地跑来了："你爸不点头，怎么办？"

"他点不点头根本没关系。"我大义凛然，"是我结婚。"

"可你也是他的心头肉啊！"

"我可没听他这样说过。"

"怎么都像孩子似的！"母亲哭了起来。

"那我回家。"我有些不忍，"他肯吗？"

"我再劝劝他。"母亲慌慌张张地又赶回去。三天之后，母亲再来看我时，神色更加沮丧："他还是不松口。"

"可婚礼的日子就快到了，请帖都准备好了。"

母亲只是一个劲地哭。爷俩儿，谁的家她也当不了。

"要不这样，我给爸发一张请帖吧。反正我礼到了，他随意。"最后，我这样决定。

一张大红的请帖上，我潇洒地签上了我和男友的名字。我已经尽力了，我这样安慰自己。

婚期一天天临近，父亲仍然没有发话让我回家。母亲也渐渐打消了让我从家里嫁出去的念头，开始把结婚用品一件件地往我宿舍里送。偶尔坐下来，就只会发愁：父亲会怎样生闷气，亲戚们会怎样笑话，场面将怎样难堪……

婚礼的前一天，突然下了一场大雪。第二天一早，我一打开门，便惊奇地发现我们这一排宿舍门口的雪被扫得干干净净。清爽的路面一直延伸到单位的大门外面。

一定是传达室的老师傅干的。我忙跑过去道谢。

"不是我。是一个老头儿，一早就扫到咱们单位门口了。问他名字，他怎么也不肯说。"

我跑到大门口，没见扫雪的人。我只看见，有一条清晰的路，通向那个我最熟悉的方向——家的方向。

从单位到我家，有将近一公里远。

沿着这条路，我走到了家门口。母亲看见我，居然愣住了："怎么回来了？"

"爸爸给我下了一张请帖。"我笑道。

"不是你给你爸下的请帖吗？怎么变成你爸给你下请帖了？"母亲更加惊奇，"你爸还会下请帖？"

父亲就站在院子里，他不回头，也不答话，只是默默地、默默地掸着冬青树上的积雪。

我第一次发现，他的倔强原来是这么温柔。

（摘自《读者》2018年第3期）

他们就是我的城市

秦珍子

我女儿一岁半，她最熟悉3种职业，医生、警察和快递员。

因为定期体检、打预防针，她能准确识别白大褂和听诊器。偶尔需要动用"权威"使她听话，警察的"不许动"很管用。

对幼小的她来说，"快递员叔叔"是个神奇而甜蜜的存在。他们会在一天里某个随机的时刻出现，"叮咚"摁响门铃，送来水果、饼干和玩具。

"快递员叔叔来了，你的礼物就到了。"我曾经一边在网上买童书，一边对女儿说。

这几年，一直是一位家在赤峰的小哥，往我家送快递。

我刚搬来时，没有特别留意过他。女儿出生不久后，某天我忽然收到他的短信："在家吗？我是快递员，方便开门吗？"

收了快递，我忍不住问他："你怎么不摁门铃？"

他不好意思地说："上次来，看你肚子挺大，估计这会儿已经生了，怕吵着宝宝睡觉。"

我逗他："你还挺有经验。"

他笑答："我女儿5岁啦，跟我在北京呢！"

我家楼上那户人家也有孩子。每天晚上11点之后，我还常常能在客厅、卧室、婴儿房……听见楼上传来各种声响——杂物落地、轮子滚动、器皿破碎、孩子尖叫、大人斥责……上楼沟通过数次，没有任何改变。最后一次，操着本地口音的男主人打开门，无可奈何地说："我也没辙呀，要不您报警吧！"

出了我家小区左拐，人行道边有个营业执照在风中飘摇的摊位，从早餐到宵夜。下午去，能吃到好吃的煎饼。因为早上老板娘会送孩子上学，老板的手艺则让人一言难尽。

北京的冬夜又黑又冷，他家大女儿每晚就着一束灯光，站在窗口洞开的早餐亭里，裹得严严实实地写作业。后来，老板娘又生了老二和老三，全带在身边。

我问过老板，为啥一定要在这儿受罪。这个敦实的河南汉子把葱花潇洒地抛撒向我的蛋饼："挣钱多呀！"

离他不远，临街有几间商铺，附近居民赖以生存的蔬菜摊就在那里。

卖果蔬的是一家早出晚归的安徽人。老爷子收菜钱，侄儿收水果钱，儿子打杂。

老头儿抠门儿，一角两角都算得清清楚楚。不管脸生脸熟，他从来不笑。侄儿活络，叔叔、阿姨、大哥、大姐的永远挂在嘴上，今天让你尝个草莓，明天手一挥5毛钱不要了。猕猴桃放久了，还提醒"别给小孩买"。

在这个时代，我和邻居可以互不相识，但不会不熟悉这家人。

有一次，我新买的电脑出现故障，退换需要提供包装上的某个标贴——纸箱子早扔到楼道里了，因为每天都有人来收。

我跟物业、保安打听一番，在另一栋楼的地下室找到小区收废品的两口子。他们住在最多5平方米的小屋里，睡上下铺。

听完来意，大哥立即行动。他打开另一间屋子，里面从地到顶摞满了各式各样的纸壳箱，无法计数。他一张一张地往外抽，抽了一个多小时，抽空了半间屋子，终于找到我要的纸箱。

我掏出钱感谢，大姐冲出来，把我轰走了。

有天我晚归，深夜一两点遇见他俩，才知道他们收拾楼道弃置物品，为了不影响居民出入，不占用电梯，都是夜里悄悄进行。

在商场买好家具，东北大哥和他万能的金杯车能提供一站式服务。

夏天空调坏了，背着工具箱的四川小伙敏捷地钻出窗户，修理外挂机。

家务实在忙不过来，上网找个电话号码，上门支援的湖北小阿姨能麻利地搞定孩子的饭、老人的茶、地板上的毛发。

他们如此真实、有力地活着，需要着这座城市，也被这座城市需要。

我们享受服务的同时，也应该接纳服务可能带来的风险。为居民提供安全的生活环境，是城市的职责所在。容纳东北大哥、四川小伙和湖北阿姨的奋斗，则是城市的灵魂所托。

即使谈不上建设者，只是地下通道里的一个流浪歌手，也能让窝在办公桌前整晚加班的年轻人，听见爱和自由。

在不可或缺的日常细节中，他们是抱着装尿不湿的巨大纸箱而来的快递小哥，是用冻伤的手给我做早餐的煎饼摊老板，是我吓得拉住他的工作服生怕他掉下窗台而他耐心宽慰我的四川小伙。

那些面孔那么具体，那么鲜活。

（摘自《读者》2018年第5期）

因为一座城

平 原

一

2017年6月初，央视节目《朗读者》上，主持人董卿问一位老太太："听说很多媒体要采访您，都被您婉拒了，因为您太忙，也不喜欢接受采访。可为什么这一次我们能请动您？"老太太沉思片刻，慢慢地说："因为我老伴儿爱看这个节目。这辈子我欠他的太多，而他的时间可能不多了，我要尽量弥补……"

这位老太太是谁？

她叫樊锦诗，曾是敦煌研究院院长。"我父母是杭州人，但我出生在北京。"樊锦诗的父亲是从清华大学毕业的工程师，特别喜欢古建筑。小时候樊锦诗经常跟着父亲在北京城内外的古建筑里一泡就是一整天，时间一长，她也喜欢上我国数千年的历史和文化。1959年高考时，她毫不犹豫地报考了北大考古系。

在北大，樊锦诗发现有个来自河北农村、名叫彭金章的男同学对自己特别好。比如泡图书馆，他会用一本书替她占位子；学校开运动会，他悄悄地递给她一副手套；她从家里回校时总会在学校大门口跟他"巧遇"，然后他帮她把行李送进宿舍。樊锦诗大着胆子问："你是不是喜欢我？"彭金章一边拼命点头，一边红了脸。"喜欢你就说嘛！其实我也喜欢你。"两个人就这样相爱了。

1962年，樊锦诗到敦煌去实习。"一到敦煌我就被彻底震撼了：精美的壁画，被称为'东方维纳斯'的雕塑，数百个洞窟里囊括了中国从前秦到元代1000多年间多种形式的雕塑和绘画艺术。"

可是，艺术再美，也掩盖不了现实生活的艰苦：没有电，水又咸又苦，一旦起风就黄沙漫天，让人睁不开眼。"我从没有想过，在北京和杭州之外，会有这样一个世界。"最要命的是，房间里没厕所，去公共厕所要跑好远。有一天晚上，她想上厕所，不料一开门就看到两只大眼睛瞪着自己。她害怕是狼，就赶紧关上门，盯着天花板直到天亮。第二天她才知道，原来那是一头被当地老乡顺手拴在树旁的驴。

大学毕业时，彭金章被分到武汉大学。樊锦诗本想跟他一起去，但因为她在敦煌实习时，表现出对文物真正的热爱和深厚的专业素养，敦煌研究院写信到北大点名要她。"经过再三考虑，我还是决定接受邀请。"因为她的心里，一直忘不掉初见敦煌时的那种深刻的心灵震撼，仿佛有一种千里之外、千年之前的召唤，呼唤她去敦煌。同样学考古的彭金章表示理解，不过二人约定：3年后樊锦诗调回武汉。

　　然而，3年后"文革"开始了，一切都成了泡影。"老彭当时一心在武大筹建考古系，他工作忙，自己又不会照顾自己，吃饭也是饥一顿饱一顿，连头发长了都不知道去理，'文革'时有人竟拿这些说事儿，批他是'封资修'。"也有好心人劝彭金章：人要现实点，换个女朋友吧，天涯何处无芳草？但彭金章正色道："我跟锦诗相互承诺过要相爱一生的，怎能因为距离就变心呢？那不是我的想法，我相信也不是她的。"

　　樊锦诗从同学口中听到这些事，特别感动。不久，她奔赴武汉，跟相爱的人举行了婚礼。"说来你们可能不信，婚后第三天我就回了敦煌。因为那时交通不便，半个月的婚假，来回路上就得耗费10多天。半年后我到上海出差，回程时领导特批我顺道去武汉看看。"

二

　　1968年，樊锦诗有了孩子，本想到武汉生产，由于她的工作就是每天在各个洞窟间爬上爬下、钻进钻出，结果不小心摔了一跤，孩子早产了。接到电报后，彭金章连夜就赶往敦煌：坐汽车转火车再转汽车，等他赶到的时候，孩子已经出生快一周了。

　　未足月的婴儿像只小猫，初为人母的樊锦诗哪知道怎么照顾孩子啊！看到丈夫终于赶到，她不禁号啕大哭。彭金章再三表示歉意，一边学着照顾妻子坐月子，一边学着照顾孩子。"可是，20天后，武大接连给老彭发来4封电报，催他赶快回校。他想告诉我，又张不开口，最后是我从他的手中'抢'过第4封电报，才知道是怎么回事。孩子还没满月，他就不得不赶回武汉。"

　　以后几个月里，樊锦诗只好每天用被子把孩子围在床上，然后出门去上班。一下班，她就急忙往家赶，只有听到孩子的声音，她的心才能放下，因为这说明孩子安好。"有一天回到家，我忽然发现一只大老鼠从炕上蹿过，可把我吓了个半死。为防老鼠伤着孩子，我只好在家里养了几只猫，后来这些猫也成了孩子的好朋友。"最危险的是，有一次她一进门，发现已经会爬的孩子居然躺在火盆里的煤渣子上，幸亏火早就灭了，否则后果不堪设想。

说起这些，樊锦诗就想哭。彭金章也心疼，便把孩子接到武汉，让妻子安心工作。再后来，他们有了第二个孩子，彭金章又把孩子送到河北农村的姐姐家。就这样，一家四口分居三地，岁月漫漫，遥寄相思。樊锦诗说："老二5岁时，有一次我到北京出差，顺便坐了3个多小时的汽车去乡下看儿子。"

那一次，樊锦诗只能在大姑子家住一夜，她多么想搂着儿子睡啊！但儿子坚决不跟她睡，更不愿意喊她妈妈。第二天一大早，樊锦诗哭着离开。"到北京后，我态度坚决地打电话给老彭。感情生疏都是次要的，重要的是孩子眼看就要上学了，我们一家再也不能这样下去了。我们俩现在就同时写请调报告，谁的可能性大就谁调。"

然而，此时的彭金章不仅是武大考古系的创始人，还在研究夏商周考古文化方面成果显著，是国内这方面的顶级专家之一；樊锦诗发表过100多篇有关敦煌的研究论文，硕果累累，是敦煌文化研究与保护方面难得的人才。所以，两个单位都不愿意放人，还展开了人才争夺战：敦煌研究院曾先后三次派人前往武大，为了留住樊锦诗，他们想把彭金章调至敦煌；武大也不甘示弱，同样回敬三次，他们想要说服敦煌研究院放樊锦诗去武大。结果，双方大战几个回合，最终也没能分出胜负。

夫妻分居23年后，在时任国务委员方毅的关心下，二人终于可以团圆了。"可是，在我们决定究竟谁向谁靠拢时，都犹豫了。"是啊，这里是樊锦诗守了23年的敦煌，是中国人花了1000多年建设起来的属于全人类的古文明博物馆。她的整个青春、全部梦想都在这里。而此时，莫高窟已经"病"了，墙上的壁画正以惊人的速度脱落，如此下去，用不了多少年，这些艺术遗产就可能被彻底毁掉，必须尽快修复和加以保护。可是，真正懂敦煌、爱敦煌的人太少了，能在这里扎下根来的更是微乎其微。

如果自己也走了，谁来保护敦煌，还会给留下来的人造成不好的影响，自己岂不成了历史的罪人？樊锦诗犹豫着把自己的想法告诉丈夫。彭金章说："嫁给我让你受苦了，所以无论你有什么想法，我都听你的。我去敦煌吧。"

1987年，莫高窟被列为世界文化遗产。来到敦煌的彭金章也把自己的研究方向转移到雕塑和壁画上，并和妻子一起，在对艺术遗产的保护上寻求国际合作。在国际组织的帮助下，他们花了几年时间在石窟外面建起防沙屏障，壁画的损坏也终于得到控制。

三

熟悉敦煌后，彭金章发现很少有人关注莫高窟的北区，因为北区风化严重，难出成果。可是缺了北边，怎么能算完整的莫高窟呢？

于是，彭金章像个工头一样，亲自带着几个人，地毯式清理北区的洞窟。这些千年无人清理的洞窟中尘土厚得不像话。"晚上回到家，老彭的眉毛眼睛上都是土，鼻涕擤出来是黑的，口罩一天换十几个都没用，咳出的痰也是黑的。有一天我居然从他的耳朵窝里抠出一团土……"但彭金章丝毫不觉得苦，还得意地跟人炫耀：进了洞窟，用鼻子一闻就能闻出这个洞是修行用的、拜佛用的，还是存放尸体用的。

就这样，彭金章筛遍了北区的每一寸沙土，把有编号的洞窟从492个增加到735个。他在这些洞中挖出了景教十字架、波斯银币、回鹘文木活字等国家一级文物。他还从石窟中挖出大量汉文、西夏文、蒙文、藏文、回鹘文、梵文、叙利亚文的文书。"老彭本是为投奔家庭才从繁华的大都市来到大漠敦煌的，没想到他很快就爱上这里，并成为专家。"

1998年，60岁的樊锦诗成为敦煌研究院院长。此时的莫高窟已越来越出名，狂热的游客们一批又一批地来到这里。人太多，呼吸会对壁画造成伤害，但是禁止人们参观是不可能的，唯一的办法是控制游客数量。彭金章对此反复研究，最后得出洞窟的游客承载量每天不能超过3000人的结论。

可是，这个标准远远不能满足需求，几乎所有的游客都是不远千里而来，你总不能把人家拒之门外吧？在彭金章的建议下，樊锦诗决定拍一部全面介绍敦煌的宣传片。很快，电影《千年莫高》和立体数字球幕电影《梦幻佛宫》上映了。游客看完电影再进洞窟，参观时间一下子缩短了。这样，景点的游客承载量就可以增加许多。

樊锦诗说："我希望在我们的共同努力下，敦煌至少还能再存在1000年。"她提出为每一个洞窟、每一幅壁画、每一尊彩塑建立数字档案，利用数字技术让莫高窟"容颜永驻"。

2016年4月，网站"数字敦煌"上线了，上面介绍了30个经典洞窟和4430平方米的壁画。一些外国人说，看了敦煌莫高窟就等于看到全世界的古代文化。而今，不必去敦煌，全世界的人只要点击鼠标就可以进入莫高窟游览。

由于在莫高窟北区的尘土中工作了几十年，彭金章的肺部不断地出问题。樊锦诗知道，爱人离那一天不远了。他们家的门前种着几棵杏树，他们一起摘杏子，然后就像对待自己的孙子一样，拉着来访的学生一起吃。樊锦诗还收留了不少流浪猫："猫是我家大儿子小时候的玩伴，我们不能忘记它们的恩情。"

直到这时，樊锦诗才意识到，以前总觉得自己在婚姻中牺牲得太多，实际上丈夫为了自己和这个家牺牲得更多。"我得想办法弥补啊！"此前，国内外很多媒体要求采访她，都被她谢绝了，理由是太忙，也不喜欢接受采访。但是这一次，当央视邀请她做节目时，她答应了："因为老伴喜欢看这个节目。"

"现在，老彭已经去世几个月了，但我觉得他仍跟我、跟敦煌在一起。我们相恋于未名湖，相爱在珞珈山，相守在莫高窟，共同走过58年的人生时光，用我们的爱守护着中华民族的千年敦煌，我们的心永远在一起。"

（摘自《读者》2018年第10期）

勋章献给她

王建蒙

1999年9月18日，古稀之年的孙家栋获得了"两弹一星功勋奖章"。回到家以后，孙家栋给妻子魏素萍戴上勋章，以表达对她的感谢与爱意。魏素萍笑着说，勋章有500多克金子，有她一两克就够了。这一年，孙家栋与爱妻已相伴40年。

孙家栋与妻子魏素萍于1959年8月9日在北京结婚。婚后，魏素萍领教了丈夫工作的忙碌和神秘。

一个深冬的夜里，魏素萍被铃声惊醒，只见孙家栋衣服都没披就跑到客厅接电话。魏素萍见状，拿着大衣跟过来给丈夫披上。正对着话筒说话的孙家栋条件反射般急忙用手将话筒捂住，用眼睛示意妻子快点离开。魏素萍委屈地瞪了丈夫一眼，默默地走进了卧室。谁知孙家栋一边听着电话，一边还想把卧室门关上。电话线不够长，他就斜着身子伸腿用脚尖把门勾上了。此时，中国的导弹研制事业刚刚起步，保密纪律是"上不告父母，下不告妻儿"。

1967年7月，年仅38岁的孙家栋成为中国第一颗地球卫星"东方红一号"的总设计师。孙家栋更忙了，就连晚上也抽不出时间回去看看怀孕的妻子。这一年12月8日，魏素萍临产，孙家栋却忙得抽不开身。当阵痛袭来时，魏素萍渴望能握住丈夫的手，然而，直到女儿出生的第二天晚上，孙家栋才赶到。身体虚弱的魏素萍幽怨地看着丈夫说："你到底是干什么的？什么工作能比老婆生孩子更重要？"

1970年4月24日，"东方红一号"发射成功，世界为之震惊。举国欢庆时，魏素萍仍不知道那是丈夫的杰作。

直到1985年10月，中国航天工业部宣布中国的运载火箭要走向世界，进入国际市场。随着电视向全世界直播"长征三号"运载火箭将国外的卫星送上太空，与孙家栋生活了20多年的魏素萍才知道丈夫是干什么的。

1994年9月，魏素萍被查出患有胆结石。此时，中国第一颗大容量通信卫星发射在即，孙家栋要前往西昌卫星发射中心。临行前，魏素萍一边为丈夫收拾行装一边说："你出差了，我正好借这个机会到医院做手术。"11月24日，西昌卫星发射中心的各项工作都已准备就绪。正是这一天，做了胆结石手术的魏素萍突发脑血栓，落下了偏瘫的后遗症。

一周后，卫星被成功送入太空，孙家栋终于松了一口气，顿时觉得浑身像散了架似的疲乏无力。可是，他还要立即赶回北京主持与美国航天代表团的谈判。孙家栋强撑着疲惫的身体完成谈判，随即累倒了，被送到附近的海军总医院。躺在医院里，孙家栋才想起妻子的手术。弄清了情况，经他再三要求，老两口住进同一家医院治疗，并被安排到同一间病房。

孙家栋有了补偿妻子的机会。每天早晨，孙家栋搀扶着行动不便的妻子在疗养院的林荫小道上散步，一边走一边和妻子说话。魏素萍乐了："我是因祸得福呢。除了第一次见面时，你滔滔不绝地和我谈了20多个小时，以后再也没听你说过这么多话。"孙家栋感叹："一眨眼，我们都是快70岁的人了。这么多年，让你受累了！"魏素萍眼里一热，感叹着："我等了你一辈子！就盼着什么时候能像别的女人一样，和丈夫守在一块。终于等到了，我却老了，连身体也残了。"

出院后，为了让魏素萍的四肢恢复正常功能，孙家栋只要有空就搀扶着她到外面散步，每天给她做按摩，说笑话逗她开心，在百忙中挤出时间，和她一起锻炼身体，还抽空查找了大量关于脑血栓后遗症方面的资料。他经常鼓励老伴说："素萍，你这算是很轻的后遗症，只要每天开开心心，坚持锻炼，我保证你很快就会完全恢复！"在生活上孙家栋也想方设法调剂老伴的饮食，他要求保姆按照他列出的食谱买菜。魏素萍跟他开玩笑说："老头子，你这哪里像个科学家，简直就是一个保姆了。"孙家栋笑着说："这么多年对你照顾得太少，正好借此机会好好陪陪你。你看，我还得感谢你呢，陪你锻炼身体，我自己都瘦了20多斤，连脂肪肝都好了！"

阳光雨露般的关怀温暖了魏素萍的心，一年后，魏素萍竟奇迹般地康复了。身边的人都惊讶不已，魏素萍跟他们开玩笑说："这就是老孙用爱情创造的奇迹！"

2004年2月25日，75岁的孙家栋被任命为中国探月工程的总设计师。孙家栋更忙了。

2006年12月，魏素萍又患重病做了大手术。后续治疗让魏素萍痛苦不堪，她第一次感到恐惧，对丈夫充满了依恋。尽管孙家栋尽量压缩在外的时间，然而此时，"嫦娥一号"已进入了奔月倒计时，有无数的事情和技术难题等着他去解决。

那天，孙家栋又要前往西昌卫星发射中心。眼看丈夫收拾行装，魏素萍心中不舍，强忍着泪说："有时间就快点回来，你知道我在等你。"孙家栋将妻子的手放在自己手心里，70多岁的妻子经历这样一场大磨难，自己却不能守在身边，孙家栋心里酸酸的，觉得这辈子欠妻子的太多了。

孙家栋走后，魏素萍才发现，丈夫已将她在家里要用的东西都准备好了。生怕她看不清药瓶上的小字，孙家栋在每个药瓶上都重新贴上标签，写清服药的时间和剂量。

2007年10月24日，"长征三号甲"火箭搭载着"嫦娥一号"腾空而起，直刺苍穹。看着电视直播，魏素萍止不住地流泪。当孙家栋清瘦的身影出现在屏幕上时，魏素萍忍不住伸出手抚摸屏幕上丈夫的脸，喃喃道："老伴，这样的一辈子，值呢！"这对聚少离多的夫妻，用一生的相思将牺牲和奉献刻在了流金岁月里。

（摘自《读者》2018年第14期）

我的国与你的家

胡宝林

2018年6月29日清晨，一场简朴而隆重的葬礼在关中的一个小山村举行。97岁的抗日战争老兵黄清海走完了自己的一生，被安葬在陕西省宝鸡市高新区钓渭镇谭庄村金台二组的黄土地里。头勒手巾、身着孝服、执孝子礼为他送葬的，是他70岁的邻居张引乾。

黄清海是一位参加过中条山战役的老兵，曾获抗战胜利70周年纪念章。在生命最后的31年，他一直住在邻居张引乾——一位普通的关中农民——家里。

一

有关黄清海的一切，都深深地烙在了这片黄土地上。他生于1921年，

1941年年初在汉中南郑县参加了国民革命军。抗日军情紧急，他才训练两个月就匆匆上了战场，先在河南灵宝县与日军作战，接着又参加了中条山战役。中条山战斗惨烈，黄清海和战友操作马克沁重机枪，在枪林弹雨中与日军鏖战了很久，他的腿上留下了伤。抗战胜利后，他离开了部队，辗转来到秦岭下的雍峪沟，靠给人打零工生活。

日子一天天过去。到了1987年，当年那个在抗日战场上浴血杀敌、矫健如虎的毛头小伙子已经成了66岁的老人，妻子去世，女儿出嫁，他孤身一人居住在一口破窑洞里。因为居住在高崖之下，窑洞成为危窑，左邻右舍都要搬迁，而老人却无力搬迁。

老人是打过"日本鬼子"的人，老了一个人咋生活呀？张引乾和妻子蔺旦旦心中暗暗焦急。老人在村里和乡亲们一起生活惯了，去乡上的养老院不一定适应，他们也舍不得。最后，张家人一商量，干脆把老人接到自家新盖的砖瓦房里一起生活。张引乾说："老人上战场打鬼子，保家卫国为大家，现在老了，咱要把老人经管好。"从此，他们把这位老兵当亲人赡养。

黄清海是个勤快人，耕田种地，雷厉风行，像个小伙儿。他爱给村里人帮忙：谁家有红白喜事，他帮挑水；谁家盖房子，他帮和泥；谁家地里有急活儿，他就去搭手。但是，村里人也知道，老人性子直、脾气大。刚搬到新屋，睡的是新炕，他将自己窑里用的长炕耙带来捅炕眼，觉得不趁手，就到街上当着众人的面发了一通火。张引乾没往心里去，对家人说："牙和舌头那么好都有碰着的时候，一个锅里搅勺把，难免磕磕碰碰，老人就是这脾气，过几天就好了。"

他们不计较老人的脾气，精心照顾老人。老人爱吃干饭，蔺旦旦就少做稀饭，让老人吃得舒心。随着年龄增长，老人的牙慢慢掉落，给老人做饭时，怕老人难消化，就把面煮软，菜炒烂。有几年，原本身体就瘦弱的蔺旦旦添了比较严重的胃病，但她硬撑着做饭，不误老人的一日三餐。冬天，她给老人把炕烧得暖暖和和。老人一直有用热水洗脸的习惯，无论冬夏，她都早早给老人把水烧好。老人的衣裳，她也给洗得干干净净，让老人清清爽爽。

二

黄清海初搬来时，张家的孩子还小。慢慢地，他们长大了，两个女儿出嫁，儿子也成了家。一大家子人要生活，光种地不行。村里好多人都出去打工了，但张引乾操心照顾老人，没有出去，在家里养起了奶牛。

2004年，同村有人出售奶牛犊，因为是熟人，本来要卖4000元的牛犊，3800元卖给了他。牛犊进了家，一家人把它当宝贝一样伺候。小牛犊很顽皮，爱撒欢，喜欢跑出跑进。一天，牛犊拨拉了一阵小筐子，不久就烦躁不安，不对劲了。原来，隔壁是所小学，小学的学生们将写过的作业本扔在了河边。黄清海老人是个仔细人，他不用家里备的手纸，把那些废作业本从垃圾堆里捡回来放在那个筐里，平时当手纸用。那天，牛犊寻着那个筐，将纸连同上面的订书钉都嚼着吃了。牛犊病情加重，张引乾雇车将牛犊拉去寻兽医看，不行，又拉去农科城杨凌看，结果在半路上，牛犊就死了，最后只卖了800元，全付了车费。

这件事，张引乾没有给老人说，怕给老人心里添负担。

2011年4月，老人头晕住进了卫生院。当时，儿子张建军和媳妇不在家，家里就剩下张引乾夫妇。一大早，张引乾赶几十里路到卫生院照顾老人，之后，又回家里给奶牛备料、挤奶，忙地里活儿。有一天，等他赶回家里时，那头大奶牛因为没有及时挤奶，卧时奶头撞地，发了炎。这对奶牛产奶产生了极大影响。没办法，他只得将价值7000元的奶牛以5200元贱卖了。

这事，张引乾仍然没给老人提过。有人问起，他只说："我想把奶牛倒换一下。"

三

有了父母的榜样，自小爱听抗日故事的张家子女也把老人当亲爷爷爱。一次，黄清海突然晕倒在街上，张建军和媳妇听到乡亲们的呼喊，赶紧跑出去，背老人回屋平躺救护。小两口平时在外打工，每次回家不忘给爷爷买可口的食品。天气好时，张建军烧开水，给老人洗澡擦背。大女儿张小琴从新疆回来探亲，把爷爷的被褥很细心地拆洗了一遍，让爷爷睡着舒心。

在一家人的精心照护下，黄清海九旬高龄时仍然身体硬朗，耳聪声亮。

2015年是抗战胜利70周年。在抗战胜利纪念日前，黄清海老人获得中共中央、国务院、中央军委颁发的抗战胜利70周年纪念章。他很高兴，把金灿灿的奖章佩戴在胸前。

张引乾家里的经济状况一直不好，但一家人将赡养抗战老兵的重担挑了几十年。有人说："孤寡老人应该由国家管，何况是抗战老兵，你把这担子挑到啥时候？"张引乾说："国家政策好，也有敬老院、养老院，但咱跟老人处了这么多年，成一家人了。有感情了，老人不在，人心上就像缺了一个豁子。老人是打过鬼子的人，是保家卫国流过血的，我要给老人养老送终。"

四

就在2016年，黄清海老人觉得自己眼睛模糊了，看东西没有以前那么清楚。

宝鸡市政协获悉，派人接老人到宝鸡市第二人民医院诊疗。医院经过精心准备，给黄清海做了白内障手术。张引乾家的房子已住了30年，破旧不堪，孙子慢慢长大，家里又养牛，房子明显不够，已将就多年。当年一起从崖头搬迁下来的乡亲们，早就盖了新房。盖新房，能改善家里条件，也能让老人住得舒心些，多享些福，这好处张引乾不知想过多少回，但一直下不了决心，原因是手头拮据。

2018年春天，在镇政府的支持下，张引乾的新房终于开工。但97岁高龄的黄清海老人身体明显衰老，饭量减小，住了几回医院。医生说没有大毛病，主要还是年龄太大，器官衰老。张引乾将盖房的事交给家人，自己到医院日夜陪护。

6月22日下午，在新房住了10天之后，和张家人一起生活了31年的黄清海安详离世。

70岁的张引乾像亲儿子一样操办了葬礼，兑现了他为老兵养老送终的诺言。

（摘自《读者》2018年第20期）

守岛记

杨书源

开山岛，位于我国黄海前哨，归江苏省连云港市灌云县管辖，是一个国防战略岛。开山岛虽为弹丸之地，但因位于灌河口，地形险要，具有重要的战略地位。1939年，日军攻占灌河南岸，就是以此为跳板，其地理位置对于海防、国防十分重要。

到开山岛的第3个白天，我异常焦灼地望向400米开外礁石上孤零零的灯塔——那是海面上唯一可见的目标物。

等船来——这是支撑我一天的所有信念。"如果今天也走不了怎么办？我们3天也守不下去，他们俩32年在孤岛上是怎么过的？"同样在等待的同行者中，有人忽然说了这句话，众人沉默了。

1986年，26岁的连云港灌云县民兵王继才来到开山岛驻守。岛上实在凄苦——多年无水无电，杂草丛生，风蚀峭壁。

　　王继才成了开山岛民兵哨所所长。而他的部下始终只有一位：体恤丈夫凄苦而与他一起上岛的妻子王仕花。

　　在最近10年间，王继才夫妻的事迹渐为公众所知，全国"时代楷模"等荣誉接踵而来。然而，他们的生活轨迹并没有发生改变，二人继续守岛。直到2018年7月27日，王继才在执勤期间突发疾病，因抢救无效去世，年仅58岁。

　　而我，作为一个和王继才当年上岛时同岁的"90后"记者，来到岛上体验3天3夜的守岛生活，只为寻找一个答案：到底是何种信念，能够让人坚守孤岛整整32年？

一

　　困境从2018年8月15日登岛前的1小时就已开始。送我们一行五人去岛上的船只，虽已泊在开山岛，但因台风疾雨忽至，众人被困舱中。

　　在为开山岛送补给的包师傅眼中，这只是开山岛的日常生活。

　　雨势渐歇，我们沿着石阶往上爬，一抬头，门开了，门内是笑盈盈的张佃成。60岁出头的张佃成是王继才夫妇的亲家，以前也当过民兵。自从十几年前夫妻俩因一次紧急外出请他代为守岛，他就成了第三位巡岛人。

　　屋内摆设陈旧，木桌椅破旧掉漆，看着与空调、电视不大协调。张佃成告诉我，岛上的电是这两年才通的，网络是王继才去世后才有的。至于难得一见的空调，由于功率过大，是2017年才用上的。

　　因为岛上是靠太阳能发电的，能不能供上电，得看天。遇上台风天，停电就成了再自然不过的事。

　　水，更是稀缺的必需品。岛上不通自来水，也没有海水淡化设施。王继才自上岛，就开始在一口枯井里蓄雨水，用于生活所需。至今，这口井仍是生活用水的来源。饮用水则依靠岸上的矿泉水补给，一旦天气变化就会断供。

在岛上，一日三餐几乎都靠白水煮面和酱油拌饭维持。

上岛第一顿饭，尽管简单，张佃成还是一个劲让我们多吃点。他笑着说："吃饱了就不想家了。"

二

"升国旗了！"次日清早，我被张佃成在走廊里响亮的喊声叫醒。我精神一振，赶紧跑去山顶的天台看升旗。

这个仪式在过去的32年里，大多数时候的见证者只有王继才和王仕花。这对夫妻的每一天都从升旗开始，然后巡岛，巡岛后再写巡岛日志。

1986年，王仕花犹豫了一个多月后，决定把女儿托给婆婆，也要上岛。王继才嘱托妻子带一面国旗来，他说："小岛虽小，有了国旗便有颜色。"

8月16日13时许，张佃成见风雨太大，就把国旗拿了回来。"不能让国旗被风吹坏了。"在张佃成第一次来守岛时，王继才就嘱咐过他。

虽然岛上现在有了民兵巡岛，但张佃成依旧按照自己的方式坚持一天至少巡岛两遍。他说："不走几遍，心里空落落的。"

我跟着张佃成巡岛。台风天的风在营房转角处尤其大，人走到那里前俯后仰，难以站立。"岛其实很小，10分钟就可以慢慢绕一圈，但如果把每一个角落、每一样设备都细细看到位，那就需要一个多小时。"张佃成平淡地说。

跟随巡岛后的第二天，我手脚酸软，像灌了铅。这样的巡岛路，王继才夫妇每天都要走4遍。

三

究竟为何守岛32年？是为了钱？王继才从未向组织开口提过困难。王仕花当年决定登岛时是小学老师，有望转成正式编制。守岛之后，就算是近两年新增了些补助，两个人全年的收入加起来不到4万元。

那是为了名？王继才夫妇屡被表彰，但王继才生前把所有的荣誉证书、奖杯都放进了箱子里。

一个人离开了，在他生活过、热爱过的地方总有痕迹。

宿舍门楣上，有着海风侵蚀下字迹依稀可见的春联，写着"不忘初心""牢记使命"等，都是王继才写的；升旗的旗杆旁，有处地面是修补过的，王继才在这里留下了修补日期"2016.5"。

在一棵大树上，我看到两行字："北京奥运会召开了，热烈庆祝北京奥运会。"

后来我才从王仕花口中得知，这是她留下的字迹。2008年8月，北京奥运会开幕式播出时，夫妇俩没电视看，就围坐在收音机前，听着那一片人声鼎沸。

收音机，是曾经近30年间，守岛夫妻联通外界的唯一方式。

四

王继才不是没动过出岛的心思。

王仕花说起一件事：守岛七八年后，儿子要上小学了，她建议王继才抓住这个机会出岛。王继才鼓足勇气找了最早推荐他来守岛的县武装部的王政委。但当时王政委已罹患癌症，在病榻前这位老政委给王继才鼓劲，称赞他守岛守得很好。那一瞬间，王继才转变心意，他向政委打包票："您放心，再苦，我也把岛守好。"

从此以后，王继才真的再也没有动过出岛的心思。他无怨无悔地坚守着，奉献着。

由于夫妻俩常年在岛上，大女儿小学毕业后就辍学在家照顾弟弟妹妹。有一次镇上家中失火，大女儿托船家捎了一张字条到岛上，上面写道："你们心里只有岛，差点见不到我们了。"心急如焚的王仕花赶回家后，母子几人在墙壁被熏黑的家中抱头痛哭。

不过，自从女儿一年暑假到岛上看到父亲就着咸萝卜喝酒，就再也没有抱怨过。

孤独，怎么可能不孤独？王继才是在岛上学会抽烟的。王仕花说，有时王继才的烟抽完了，烟瘾又犯了，只好拿树叶卷纸头来抽。

这几年，王继才喝酒也越来越猛。"他一天要抽3包烟，酒也不离口，没有饭菜吃倒是不怎么打紧。"张佃成觉得，王继才这个急脾气，把自己的不耐烦都消磨在了香烟和酒精里。

夫妻俩的巡岛日志写得很有耐心，无人要求，全凭自愿，每半年写满一本。不识字的张佃成也被要求做记录——王继才让他每天巡岛后在空白页上端端正正地签名，这是他仅会的几个字。新来的3名民兵商量着要把这个好传统延续下去，他们拿起一本日志细读，其中出现最多的一句是："晚上4盏航标灯正常。"

32年的守岛生涯，让夫妻俩的心境与大部分人不同。"我们一出岛，看到外面的人潮会心慌，反倒是进岛成了很自然的事。"王仕花说，2009

年夫妻俩第一次受邀去南京录制电视节目，到了主办方安排的宾馆，却因不会乘电梯而走了好几层楼梯；王继才想去买包烟，却不知道该走过街天桥，只能望着车流，神色慌张……夫妻俩守岛时也曾遭遇危险。比如一次发现偷渡团伙，这一团伙还试图以2万元封口费阻止王继才揭发，但王继才毫不买账。在岛上的日子，他曾向当地公安部门报告9起走私案，其中6起被破获。而更多的时间里，他们就像从岛上岩石里长出的草，慢慢从青绿色变成了锈红色。

五

王继才走后10多天，王仕花就向组织递交了继续守岛的申请。

她在丈夫离世后，显得异常坚强。除了应邀宣讲守岛事迹，她空闲时就在镇上的家中做家务。她说，有时做梦，会梦见王继才那只蜷曲的手臂——王继才生前在修码头时扛散沙，不小心弄伤了肩膀，一直没好好治疗，直到去世手也伸不直。

从岛上出来，不管是3天还是32年，都有"后遗症"。于我而言，那几日里我测量时间的方式由原来的看钟表变成了观天色。每天清晨5点便被呼啸的海风唤醒的我，上岸一周后也未能适应城市的作息。

于守岛32年的王仕花而言，开山岛几乎烙进了骨髓深处。比如，岛上缺水的生活让她养成了极度省水的习惯。我在王仕花镇上的家里，见她在饭后收拾碗筷时先拿一块抹布擦了桌子，又擦水槽，之后又用它擦了手，始终没有将抹布放到水龙头前再冲洗一遍。

不过，3天3夜，直至离开的那一刻，我依旧无法喜欢上王继才夫妇坚守32年的开山岛。临走那一刻，简直像一场逃离。

8月16日下午，本是我们一行计划的离岛时间。但受到台风天气影响，当日船无法上岛，我们的归期变成了未知数。众人归心似箭，彼此间话也少了。3位民兵已经上岛10天。在离岛的最后一天，他们和我一样有些不安，时不时来敲门问何时会有船过来。

岛上的艰苦，不管是初来者还是坚守者，谁又能感受不到？

我离岛的那天是8月18日，包师傅同样经历了一次有些危险的航行来接我们。浪打到船舱里，若不扶住船上的固定物，人实在无法站立。

好在，船来的时候，也带来了开山岛新的民兵、新的物资、新的生活格局：一个冰柜、一组垃圾箱、一些耐贮藏的新鲜蔬菜……我离岛的时候，恰逢张佃成刚走完中午的巡岛路，正在水泥地上铺着的一块草席上小憩。"我们下去了，新的守岛民兵也上来了，您还留着吗？"我的头发被猛烈的海风用力吹打在脸颊上。张佃成回答："老王走了，守岛这件事，一任接一任，我等王仕花来替我。"

2018年8月，江苏省政府根据《烈士褒扬条例》第八条第一款第一项规定，评定王继才为烈士。或许，在王继才生前看来，他只是默默坚守着平凡的岗位。然而，在更多人看来，他在平凡岗位上书写了不平凡的人生华章。

王仕花说，等她腿疾好了，就回开山岛。"我想再多带带这些民兵，让他们和老王有同样的使命感，让他们也感受到小岛虽小，但很重要。"

这几天，王仕花梦中的王继才仍在守岛。他像平时一样对妻子说："走，我们去浇水除草……""走，我们去升旗……"而岛上的场景也如往常一般，海风猎猎、海浪滔滔、国旗飘飘。

（摘自《读者》2019年第1期）

大国医者

俞佳铖

2018年11月22日，我国著名妇产科专家、上海复旦大学附属妇产科医院教授张惜阴病逝，享年92岁。半个多世纪以来，张惜阴与丈夫朱无难这对医学伉俪，携手同行，为我国医学事业作出巨大贡献。

这个曾亲手将无数小生命迎接到人世间的人，离开这个世界时，走得安详而宁静。但人们相信她没有走远，路过那幢老人曾日夜奋战的"红房子"时，仿佛依然能看到她矫健的身影。98岁的朱无难教授捧着老伴的照片，自言自语："惜阴，你走好。"

上海闺女与湘伢子的爱情

"因为我的名字叫惜阴，所以常以爱惜光阴来自勉。"刚读小学时，扎着小辫、长相清秀的张惜阴，经常会这样勉励自己。1926年1月，张惜阴出生在江苏无锡，父母都是有学识的人，给女儿取的名字，饱含希冀。

张惜阴的启蒙老师是母亲，牙牙学语时，母亲就引导她读书识字。拿到小学一年级语文课本时，张惜阴能认识上面大部分的字，成绩也自然稳居全班第一。

1938年2月，正是抗战期间，12岁的张惜阴跟着父母逃难来到上海。动荡的时局，并没影响她的求知欲。1943年秋天，张惜阴考入上海医学院。一向很有主见的她，将学医作为自己的选择。她对父母说："学医，就能掌握一门技艺，将来我可以不靠别人，独立生活。"父母觉得有道理，之后的日子，无论条件多艰苦，都全力支持女儿完成学业。

1949年，张惜阴读完医学院本科，进入上海西门妇孺医院（现为复旦大学附属妇产科医院，上海人喜欢称其为"红房子医院"）。妇科，是张惜阴主攻的医学方向。勤奋好学的她，在工作上表现出色，30岁出头时，她就在医院组建了肿瘤病房，制定各种妇科手术及放疗、化疗规范。

1953年7月，张惜阴参加由哈尔滨医科大学主办的全国医学院教师俄语进修班，其间，她认识了一个名叫朱无难的同学。

"我来自上海，你呢？"张惜阴问。"我从抗美援朝的战场上来。"朱无难幽默地回答。当时，抗美援朝战争刚结束。张惜阴睁大眼睛，看着面前这个一脸憨厚的小伙。

在进一步的交谈中，张惜阴得知，朱无难的话并非玩笑。朱无难比她大6岁，来自湖南长沙，在长沙湘雅医院（现为中南大学湘雅医院）工作。抗美援朝战争爆发后，一腔热血的朱无难主动要求参加抗美援朝联合医疗队，上战场救治中国人民志愿军伤病员。

张惜阴对眼前这个正气凛然的小伙钦佩不已，激动地说："要是早点认识你就好了，我一定和你一起去战场上救人。"朱无难没想到，眼前这个娇小的女孩，竟如男儿般义薄云天。

"我以前在长沙的湘雅医学院读书，1938年日本人打进湖南，我们学校搬到贵州贵阳一个叫'石硐坡'的山上。那时候条件很差，没有电灯，晚自修看显微镜，全靠菜油灯。"学习之余，朱无难给张惜阴讲自己的求学经历，"不仅没有电，连水都很少。女同学每天有一瓢热水洗漱，男同学什么也没有。我们去提要求，老师说：'你们也要热水？没问题，从明天起，所有实验课停了，省下经费，买煤烧水。'我们听了直摇头，还是不要热水了，做实验要紧。"

朱无难故意学老师说话的口气，一本正经地把音调抬高八度，张惜阴"扑哧"一声笑了。朱无难愈发讲得起劲："那时候学校没那么多桌子、椅子，怎么办？老师把四条腿的白木板长凳从当中锯断，在断掉的一端装一条腿，一把四腿凳就成了两把三腿凳，每人一把，自管自用。三条腿不太稳，经常上课上到一半，有同学摔个四脚朝天……"

"日本人来轰炸，你们是不是也要抱着三条腿的凳子到处跑啊？"张惜阴觉得朱无难的经历虽然有趣，但更多的是心酸。

朱无难说："我们会把三条腿板凳挂到肩膀上，这样跑起来快。"

非洲热土上的生死时速

在愉快而自然的交谈中，朱无难和张惜阴自然地走到了一起。他们确定恋爱关系后，1954年，朱无难被调到上海第一医学院内科医院（现为复旦大学附属华山医院）。1955年，朱无难又被调到复旦大学附属中山医院任职，开始了长期的、卓有成效的肝病学及胃肠病的临床、教学及科研工作。

婚后，他们先后有了女儿朱文合和儿子朱希洛。1960年秋天，张惜阴加入中国共产党。1974年11月，张惜阴前往非洲多哥共和国，参加为期800多天的医疗援助工作。那些日子，张惜阴平均每天为20多位妇产科病人看病，先后迎接了1000多个小生命来到这个世界上。

有一次，一位非洲妇女产下一名女婴，女婴出生后1分钟内无自主呼吸，嘴唇出现暗紫色，全身皮肤呈现青紫色，情况十分危急。张惜阴保持镇定，立即对女婴的情况作出判断，清除完女婴口腔中的呼吸道黏液后，她又用温热的毛巾擦拭女婴头部及全身，然后用布将她的肩部垫高，使颈部伸展开来。见女婴的肤色渐渐转为正常，张惜阴拍打她的足底，摩擦其背部，女婴终于有了呼吸，"哇"地哭了出来。

一系列抢救措施，张惜阴是在半分钟内完成的。见女婴脱离危险，她长长地松了口气。在非洲的那些日子，她先后处理了大约130件新生儿窒息案例。

张惜阴的医术和品德，得到非洲当地人民的一致好评。虽然语言不通，但笑容是无国界的，很多非洲人见到张惜阴，都会报以灿烂的笑容，并竖起大拇指，有的还会送上一个热情的拥抱。让张惜阴在非洲医学界引起轰动的，是她为当时43岁的非洲女子希卜莱切除了巨大的腹部囊肿。在张惜阴完成使命离开非洲那天，希卜莱特意赶来送别。她拉着张惜阴的手，又哭又笑，还用心地学会了几句中国话："张惜阴医生，谢谢您，我一辈子不会忘记您。"

当张惜阴奋战在医学前线时，丈夫朱无难在攻克一道道医疗上的难关。20世纪60年代初，我国面临严重自然灾害期间，不少人出现肝脏肿大、转氨酶增高的症状。如要查出其中原因，必须提取一部分肝脏组织。在那个年代，医生通常是使用一根带有两片刀叶的粗针，插入肝脏，提取组织，进行活检。这种方式非常危险，容易导致病人肝脏出血不止。当时，朱无难得知国外有一种针，一秒钟就能进行肝脏穿刺操作，提取肝脏组织，同时很少出血。他辗转托朋友从国外带来这种针，然后跑到上海一家制针的工厂，和工程师探讨，能否作出一模一样的针。

一个多月里，朱无难几乎每天一下班就往制针厂跑。功夫不负有心人，一根内径1.8毫米的穿刺针终于制成。在之后的临床应用中，这根针起到了关键性作用，极大降低了操作的风险，并减轻了病人的痛苦。很快，上海的一些儿童医院纷纷来讨教，朱无难又开始跑制针厂，和工程师共同研制出内径1.2毫米的儿科穿刺针，广泛应用于儿童的肝脏活检。

医生的本职就是"爱"

张惜阴常对年轻的后辈说："医生的本职是什么？我认为就一个字——爱。你要时刻提醒自己，对待病人要有爱心。"每天查房时，张惜阴脸上总挂着温暖的微笑。

在多年的求学生涯和医学实践中，张惜阴熟练掌握了英语、俄语和法语三门外语。1979年，因参与编辑《百科全书》妇科部分内容的需要，她开始自学日语。

思维敏捷的张惜阴，在听日语教学录音带时，常常一边织毛衣，一边和家人聊天，一心三用，似乎一点也不妨碍她掌握日语的基本语法。

1986年9月，张惜阴成为复旦大学附属妇产科医院教授、博士生导师。在指导博士生时，她从来不训人，学生们很佩服她、尊敬她。大家都说，张惜阴教授"不怒而威"。

　　如今已是复旦大学附属妇产科医院院长的徐丛剑常说，自己在张惜阴教授身上学到的，不仅是精湛的医术，还有可贵的医德。2001年春天，青岛的陈女士来上海求医，经张惜阴确诊为乳腺癌，之后，她把这个病人介绍给徐丛剑。陈女士第一次做化疗，感觉肩膀又酸又疼，当时的徐丛剑正准备下班，见此情形，立即从包里掏出一瓶药膏，说："这是我给我妈准备的，效果还不错，你试试看。"陈女士非常感激。

　　多年来，张惜阴培养出20多名博士生和硕士生。同为医学教授、博士生导师的朱无难，也是桃李满天下。到了晚年，夫妻俩对教书育人的职责，依旧没懈怠。他们常受邀外出讲学，无论谁接到任务，夫妻俩都会一起出门，然后一起回家。

　　天气好的时候，张惜阴喜欢长跑，她沿着小区附近幽静的道路几圈跑下来，脸蛋红扑扑的，长跑让她充满活力。每当这时，朱无难总会打趣说："越跑越年轻，你可别再跑了，要是跑成20岁，我这糟老头子怎么办？"

　　86岁高龄时，儿子要给张惜阴请保姆，但她拒绝了。她坚持自己洗衣、烧饭、打扫卫生，出门就坐公交车。

　　2016年，96岁的朱无难因多种器官衰老、功能退化，只能卧床，尽管这样，他的精神依然很好。有时，长沙老家的小辈亲戚带着当地特产来探望他，他特别开心。一个人时，他会发出"呼呼"的声音，他说："我躺在床上，也要做运动，这样的'呼呼'，是我在做呼吸运动。"

　　让朱无难无比悲痛的是，2018年11月22日早上7点9分，92岁的老伴张惜阴在上海复旦大学附属中山医院病逝。无论孩子们在一旁如何安慰，老人依然泪流满面，捧着夫妻俩的照片，痛苦不已。

　　2018年11月24日下午，张惜阴教授的遗体告别仪式在上海龙华殡仪馆举行，无数医学界人士前来悼念。

告别仪式上，一位62岁的上海老阿姨在一旁悄悄落泪，嘴里低声说道："我妈当年生我时难产，是您保住了我们母女的命。张医生，您慢慢走，我来送送您……"

（摘自《读者》2019年第14期）

我只想救爸爸

赵熙廷

为了达到造血干细胞移植的最低要求，挽救父亲的生命，10岁的路子宽从2019年3月到2019年6月，增肥30多斤。

比兔子胖得快

2019年3月，路子宽和院子里养的两只小白兔的身材，都开始饱满起来。

两只兔子是路子宽请求爸爸买来的。2019年3月前后，他和爷爷去集市，看到有小贩在卖小兔子。它们全身雪白，毛茸茸的。

路子宽很想要，但是爷爷不同意。后来，路子宽央求了好久，爸爸终于答应给他买两只。路子宽把兔子养在笼子里。

路子宽在家时经常逗兔子玩，还出门拔野草回来投喂。兔子迅速长大，变得圆圆胖胖的。

那些天，路子宽自己也在迅速长胖。他本来瘦得跟竹竿似的，现在每天吃5顿饭，脸颊、手臂、肚子都开始鼓了起来。他觉得自己"长得比兔子快"。

妈妈告诉路子宽，长胖是为了救爸爸。

7年前，路子宽的父亲路炎衡不幸罹患"骨髓增生异常综合征"，后来身体情况愈加恶化，药物已无法控制病情，骨髓和造血干细胞移植成为唯一选择。

一天夜里，路子宽的母亲在客厅里问起3个孩子愿不愿意为父亲抽骨髓："一个个都说愿意，没有任何犹豫。"

母亲告诉路子宽，医生会给他打麻醉针，捐献骨髓需要多次抽血、打针。路子宽听了这话，拍拍自己的胸脯："我血多，抽我的。"听说"骨髓一次抽的不够还得抽两次、三次"，路子宽赶紧转身跟弟弟说："如果我的不够，弟弟，再抽点你的给爸爸吧。"爸爸和妈妈被逗乐了。

但造血干细胞移植对体重有最低要求，路子宽的小身板远远不达标。

2019年2月底，路子宽与父亲配型成功。为了移植造血干细胞救爸爸，60斤的路子宽开始了他的增肥计划。

红烧肉都吃哭了

路子宽这几个月的食谱是：早上3个鸡蛋、一个大馒头、一碗稀饭和一盒奶；午餐是一大碗红烧肉、大米饭和蔬菜；放学后回家和晚上七八点，等待他的还有两次正餐；临睡时，他还要再往肚子里塞一份鸡蛋煮面和一盒牛奶。

刚开始，他还觉得有肉吃很开心。但没过几天，就因为不适应而上吐下泻，一副虚脱的样子。

但路子宽吃饭的拼命劲儿没有松懈，他将馒头、米饭、菜一股脑儿地全都塞进嘴里，腮帮子鼓成两团，直到完全吃不下去，才累得放下碗筷，说："你们吃吧。"然后，他会迅速站到体重秤上，读出上面的数值，并高兴地大声宣布他又重了多少斤。路子宽的奶奶笑了："刚刚他吃的东西都有两三斤。"

食物把路子宽的肚皮撑得鼓了出来，他能感到一种明显的胀痛，只能躺在自己的房间里翻来覆去。奶奶煮了山楂水帮助他消化，并给他揉肚子。

主菜总是雷打不动的红烧肉。不到一个月，路子宽就感受到自己的胃对红烧肉不由自主的抗拒。"一直在嘴里咀嚼，却不见下咽。"最后他吃哭了。

2019年3月，路子宽长了四五斤。到4月底，他已经接近70斤了。

绰　号

慢慢地，见到路子宽的人都明显地意识到他长胖了。

因为长胖，路子宽在学校被人取了绰号。还有同学嫌弃他："只见长胖，不见长个儿。"路子宽心里委屈，他把这件事告诉妈妈，妈妈安慰他，等救了爸爸，再减肥瘦下来。"到时候我要做的第一件事就是减肥！"路子宽大声说。

多出来的体重，让平时好动的路子宽感觉到吃力。在村里的活动广场，路子宽和伙伴们玩游戏时，每走几步，额头的汗就冒个不停。他跑不动，轻易就能被伙伴抓住。他觉得很扫兴，便挥手回家。

路子宽的班主任赵老师并不知道他长胖的原因，以为是他发育太快。但赵老师注意到，之前在课间十分活跃，偶尔会和同学们打闹的路子宽，安静了许多。

后来她才得知，那段时间，路子宽大腿根上长出来的肉与裤子摩擦，磨破了皮，每走一步他都会觉得疼。爷爷奶奶骑着电瓶车接送他上下学。

于是，路子宽在家里的活动量减少，他开始习惯躺在沙发上。

2019年5月底，路子宽拼命吃下去的食物大多转化成了脂肪，他的体重也增加到80斤。

6月1日儿童节，路子宽突然被铺天盖地的报道包围了。

前一天，河南当地媒体以"不一样的儿童节"为题，播出了路子宽增肥救父的新闻。路子宽的邻居、老师、同学马上明白了他变胖的原因。

很多同学听说路子宽的事情后，都觉得他很勇敢。

他们见到路子宽，兴奋地对他说："你上电视啦！"路子宽很高兴，感觉此前被取绰号的委屈一扫而光。

路子宽的生活节奏也有了改变。此后，每隔几天，就有记者赶到路子宽家中拍摄、采访。路子宽在大口扒饭时，也有摄像机对着他。

有时，路子宽会在小房间里单独接受采访，问题并没有那么容易回答。

有记者问："如果爸爸有一天离开了你，你会怎么样？"他没有回答。记者离开后，路子宽对妈妈说："（记者）问得我有些难受。"

路子宽继续吃饭、增肥、上学，他的日常生活仍跟以前一样。2019年6月底，他的体重终于突破了90斤。

那天早上，他在家里四处奔跑，高兴地向每个人说："我长到90斤了。"当时，路子宽的母亲对他说，可以不用吃太多饭了。路子宽回答，爸爸告诉他，下一个目标是100斤，这样比较保险，对他后期身体的恢复也更好。

"私房钱"

暑假来了。

路子宽每天夜里都会和爷爷奶奶走到附近的山上，捕捉出来觅食和乘凉的蝎子。村里很少有人捕蝎子。对路子宽来说，喜欢抓蝎子是因为蝎子可以卖钱。

每隔3个夜晚，爷爷就会带着路子宽前往村里的药商处把蝎子卖掉，能卖100多元。爷爷会给路子宽10到20元，路子宽很高兴，把钱都藏在自己的床垫下。

知道家里困难，路子宽从来不用"私房钱"买零食或玩具。有时奶奶让他去买菜，他很乐意将自己的钱拿出来。每次回到家，他都会跟妈妈说："今天我用自己的零花钱帮奶奶买菜了。"

路子宽曾经看见爷爷奶奶从外面往家里捡饮料瓶，得知这些塑料瓶也可以卖钱。于是每次放学回家，家人都能看到路子宽手里拿着捡来的几个矿泉水瓶。有的瓶子是他在路边的浅沟里捡来的，上面还带着淤泥。妈妈提醒路子宽路边危险，劝他别捡了。他说："我小心着呢！"

7月18日，路子宽陪爸爸来到北京，做移植手术前的准备。此时，他的体重已经达到96斤。

坚强男孩

来北京后，路子宽哭了好几次。

路子宽从爷爷口中得知，自己在老家院子里养了几个月的两只小白兔跑掉了，可能再也回不来了。他伤心地哭了。来北京前，他还特意嘱咐爷爷帮他好好照管。

9月9日，在医院完成第一次采集的那天下午，手术结束回到病房，因为腿部插着导管，路子宽一动也不敢动，肌肉都有些抽筋。他躺在病床上，焦急地想要知道是否可以回家。医生过来检查一番后，告诉他，还得继续在病房待着，为明天的手术做准备。路子宽的眼泪止不住地流出来，他告诉身旁的妈妈，自己想去看爸爸。

但是，在检查和手术的过程中，路子宽一次也没有哭。

11日出院前，医生将管子拔出时，血液涌出，路子宽的姑姑和妈妈按了接近一个小时才止血。但路子宽全程没有哭泣。

病房楼层门口的一位工作人员看到路子宽经过时总是赞不绝口，而路子宽则一如既往地抬头，回以标志性的笑脸：圆圆的脸上，两只小眼睛笑成两道弯月，露出洁白的牙齿。护士过来查看时，会亲切地叫他"小男子汉"。有的大夫因为看过报道，会直接叫出他的名字。路子宽则在事后小声跟妈妈说起，分享心中的"小喜悦"。

实际上，在做手术的几天里，路子宽内心十分紧张。9月8日那天夜里，他醒来好几次。路子宽的母亲说，姑姑在旁边看护，有的时候会听到路子宽在睡梦中叫"姑姑"。

手术结束后，路子宽食量锐减，一日三餐，每次只吃半碗饭左右。他如今很轻松："终于可以正常吃饭了。"

将来读好大学

再休养一段时间，路子宽就可以返回河南老家，继续上学。他的班主任赵老师说，等路子宽返校，学校会为他安排补习，补上移植手术期间落下的功课。

9月开学，路子宽应该读五年级，之前，他的学习成绩一直靠前，是班里的三名班长之一。

在班主任赵老师看来，路子宽活泼好动，但上课非常专注，总是跟着老师的讲解思考，积极举手回答问题。

路子宽的母亲说，每天晚上放学回家，他都会和弟弟妹妹进行"完成作业大比拼"。他总是飞快地做完书面作业，然后炫耀自己可以出去玩了。

路子宽读三年级时，老师要求背诵课文《翠鸟》。路子宽吃完晚饭，回到房间，默读了好几遍，没能背诵下来。20分钟后，路子宽急哭了。妈妈告诉路子宽，可以尝试早上起来再背诵。第二天，路子宽起得比所有人都早，坐在院子里的小板凳上背诵。之后，他高兴地跑去叫醒妈妈，将课文背了下来。此后，他都会早早起床完成背诵作业。

来北京后，路炎衡带着路子宽在清华大学门前拍了一张合照。他希望儿子能好好学习，将来考一所好大学。

路子宽对记者说："我想考清华。"

9月13日，中秋节，前两天刚刚完成造血干细胞采集手术的路子宽，穿着父亲的大外套，一马当先，冲在探视家属队伍的最前面。

在无菌舱前，路子宽隔着探视玻璃举起一袋豆沙蛋黄馅的月饼，右手拿起旁边的通话机，高兴地祝舱内病床上的父亲中秋节快乐。

路子宽在通话机中对爸爸说："我的任务已经完成了，接下来就看你的了。"

摘自《读者》2019年第22期

爸爸的艺术人生

陆庆屹

我爸做什么事都悄无声息的。比如他在睡觉前，会不声不响地到每个人的房间打开电热毯预热，然后下楼和我们坐一会儿，所以家里人每天钻进被窝都是暖烘烘的。每天吃完饭，你稍一放松，他已经偷偷把碗洗了。我过去抢，他一摆手："哎呀，你进去，你进去，谁洗不是洗，洗好就行了，谁来都一样。"

再比方说，有了喜欢的食物，我会跟人分享，也就是说，我可能也会吃一点。我爸则是这样：东西摆在那里，哪怕是他最喜欢的，只要家里有一个人喜欢吃，他就会一口都不动，全留给你。他似乎是不经意地把东西放在你面前，就干别的去了，既不叫你吃，也不说什么。

如果他感冒了，谁也不告诉，自己病恹恹地去买药，只是病容实在掩藏不住。他不愿意让人担心，更不喜欢麻烦人，哪怕是自己的孩子。

　　我家后门紧挨着山脚。父母授课之余，到镇上的铁匠铺借来两把大锤，打开后门，抡起大铁锤劈石开山。他们活生生地开辟出两块平整的地，再挑着担子，到两里地之外的洞口村挖来黑泥，一趟一趟的，终于屯出两块地，种上了白菜、小葱等容易生长的蔬菜。不久之后，家里就有蔬菜下锅了。后来父母还养鸡养鸭，家里伙食逐渐得到改善。

　　得空时，他们再跑几趟洞口，挑来厚土，壅在菜地边，种下李子树和葡萄树。几年之后，半山都是葡萄藤。中秋过后，全校师生都可享用。我觉得他们俩的生命力都极旺盛，没有什么困难能难得住他们，而且他们也从不试图抗争什么，似乎生活本来就应该是这个样子。

　　我爸像是天生装有防火墙，百毒不侵，乌七八糟的东西一概屏蔽。学校老师闲暇时喜欢聚会、吹牛、抽烟、喝酒、打麻将，所以他不和任何人过多来往，一辈子没有什么知心的朋友，因为他根本不需要。他没有需要倾诉的心事，我妈大概是他唯一的知己吧。

　　他玩心很重，所有的爱好都是自娱自乐型的。首先是音乐，中西方的乐器照单全收，吹拉弹唱都懂一些，能摆弄二十来种乐器。

　　他还爱好爬山和踢足球，别看他一副弱不禁风的样子，却是条硬汉，爬山我可真不是他的对手。这两年受我影响，他对曼联也熟悉起来，时常在晚上给我来电话或者短信聊聊比分什么的。除此之外，他还有一个爱好，就是不声不响地坐在一边，笑眯眯地听我们聊天。

　　他还有很多细碎的爱好，比如摄像和制作视频。一旦出门，不管多麻烦，他总会带着小DV，东拍拍西拍拍，回家后剪成视频，配上音乐和字幕，自己左看右看，很得意。

　　他退休前在师范学校教物理和音乐，也非常热爱地理，对自然风光钟爱有加。一看到漂亮的风光照片，他的脸上就不由得泛起特别温柔的笑容，轻轻地摇晃脑袋，啧啧地赞叹。挂在客厅墙上的中国地图和世界地图上，很少有他不知道的地方，各国各地的地貌、矿产等他如数家珍。

他对历史没任何兴趣，说那些都是写出来的，没有真凭实据，也太遥远。他喜欢科学，看得见摸得着。但奇怪的是，他也不阻拦我妈迷信，多年来，家里因我妈迷信，被骗了不少钱。有时我爸实在看不过去了，就笑一笑，摇摇头，转身出去了，怕我妈看到他的嘲笑而不高兴。

我妈在现实世界是出了名的彪悍，大义凛然，一身正气，但在她那神神怪怪的虚无领域，是个战战兢兢的蝼蚁。有时候听说哪个村寨出了个超灵的"过阴"，也就是能出入阴阳两界的人，相当于信使，可以带来一些消息，她就心痒了。她主要是想问外公和大舅在阴间过得好不好，或者我们一家人有什么劫难，怎么避免。所以不管多远，她都想去见识一下，而且都会让我爸陪着去寻访。他虽觉可笑，却无二话，拔腿就走，跟着她跋山涉水，毫无怨言。

我问过他为什么，他说："反正你妈也是出于好心，我当然要陪着，在家里是陪，出去走不也一样是陪嘛。要是她为此不高兴了，才叫得不偿失。再说出去走走就当锻炼身体了。"

我虽然觉得他有放任之嫌，对她在迷信的路上越陷越深负有一定责任，但也从他身上看到了"无怨无悔"这个词最真切的含义。我尤其佩服他的是，在我妈外出的日子里，交代他哪天要供奉什么神或哪个先人，他都会按照我妈的要求，一丝不苟地照办。事后他自己也觉得好笑，跟我们说："死都死了，哪里知道那许多。你妈真是……"我说："那你还这么认真？"他说："这不是都答应你妈了嘛。"

我想，在我所知的人里，他是最问心无愧的一个吧。试想换作我，打死也不可能做到这样。

最近，我爸又迷上了吉他，兴致勃勃地让我哥帮他找曲谱。我知道，明年春节，能看到他又会了一种乐器。虽然他所有乐器的演奏水平都不高，但他为此陶醉。像他这样一个沉醉在精神世界的人，他和他的生活本身就是一种艺术，里面的笔画和音准，丝毫不会影响作品的成色和价值。

在我看来，对于一个家庭，他是最完美的角色，不管对孩子，还是对伴侣，他理性和感性的投入都是毫无保留的。对身边的亲朋，他也有巨大的感染力。至少对我来说，万一我做了错事，面对他，会感到羞愧，无地自容。

在我深陷泥潭的少年时期，横行街头的我，也没有太过出格，作出伤天害理的事，大概是因为总有一种无形的约束力在隐隐地监督着我。当发现快要失去控制的时候，我才不得不选择逃离。或许，这就是他的慈悲和奉献作用于我的力量吧！

（摘自《读者》2020年第5期）

镜头下的爱

华明玥

要不是出门旅行，意外摔断了腿，身为商业摄影师的七姐，恐怕这辈子也不会把镜头对准已经结婚10年的丈夫。

摔坏小腿之前，她是何等自由。她每天穿着棉麻裙子，提着笨重的摄影器材——3台总价值超过20万元的照相机，以及七八个单价超过1万元的镜头——赶着瞬息万变的光线，追拍瑰丽的天象、飞扬的裙裾、疾走或骑车的美人。

商业拍摄是七姐重要的收入来源，尤其是婚礼跟拍，淘宝五星级店铺与服装公司新产品的拍摄。比如，春天，樱花盛开的时节；深秋，墙上如画般的藤蔓红得最通透的半个月；冬天，江南的雪景还没有被游人的脚步践踏的时刻，都是她最忙的时候。

为了应付接二连三的拍摄工作，她一般早上5点30分就出门，一直要拍到夕阳收尽、光线暗淡，才精疲力竭地回家。可当自由摄影师，她乐意啊，从小她就是一个不愿受束缚的女子。她大学毕业后去国企上班，只待了两年，之后，按她自己的说法，就是"靠才华过日子"。为了保持感觉上的敏锐，保证对美的捕捉能力不被家常琐事消磨，她基本上不进厨房。身为公务员的丈夫默默承担了所有的家务琐事，连女儿的辫子都是丈夫扎的。她只要动手帮女儿扎辫子，就会下手毛躁，扯到孩子的头皮，惹得闺女一阵嚷叫。丈夫倒也不曾为此生气，反而在孩子奶奶面前为她说话："若不是手劲儿那么大，我家小七怕也端不稳那些大炮一样的照相机。而且，我早就听说过，一个人若在琐事上用心，在事业上就难有那种常人不能及的细致和灵性。小七若是一个煮饭婆加扎辫巧手妈妈，也不会成为咱们这里有名的摄影师了。她干的这一行，男生比女生更容易出好作品，就是因为拖累少呀。"

七姐当时听了也就是一笑，并未觉得有多感动。在家里，房贷和车贷都是她支付的，丈夫的薪水只用于支付日常开销与女儿的学费，所以，七姐一向有一种"我是经济顶梁柱"的优越感。

转折点，出现在七姐为捕捉美景，一脚踏空，从台阶上摔下来之后。那时他们还在深圳旅行，为了带腿上打了石膏的七姐回家，丈夫临时买了轮椅和拐杖。深圳是一座年轻人占绝大多数的城市，下班高峰时段根本打不到车，而对七姐来说，就连坐地铁去赶火车也成了大问题，因为地铁站居然没有无障碍直达电梯。坐着轮椅的她，又无法坐扶梯。于是，每下一层台阶都是一项大工程：丈夫先要把轮椅运下去，再把她背下去，第三趟，再上去接女儿和行李。地铁站建得很深，台阶陡峭，从下面往上看，像一架天梯。当丈夫满头大汗地在轮椅上安置好七姐，再次向上攀爬时，七姐抬头仰望，看到了震撼心魄的角度与光线：高处的乌云被浓艳的霞光镶上了金边，而眼前的男人像是从深井里向上攀爬，向井口攀爬。

来不及拿出自己的相机，七姐匆忙用手机拍了一张照片。在对焦的时候，她热泪盈眶，这10年，丈夫对她、对这个家的付出忽然涌上心头，让她隐隐自责：她所有的注意力都给了摄影，何曾有一点儿留给要与她携手一生的伴侣。

丈夫背着行李、牵着女儿下来之后，见她在抹眼泪，急忙安慰她："你哭啥啊，虽然说伤筋动骨100天，你会有3个多月没法外出拍照，可一来正逢暑天，本来就是商业拍摄的淡季；二来，你不是一直想放慢生活节奏，好好享受弹琴看书的日子吗？也许是老天爷看你劳碌了很多年，想让你停下来，充充电，才安排你歇歇的……你这么想，是不是感觉好一点？"

七姐无法回答，脸上的泪水更为汹涌。她慌忙擦拭面颊，搂过不知所措的女儿。

回到家里，丈夫栽种的米兰已经盛开。闻见一屋子米兰的香气，七姐的心忽然变得熨帖安静。在这无法动弹的3个月里，她的活动范围从方圆千里，缩小到这小小的90多平方米的家中。她像褟褓中的婴儿一样需要被照顾：洗澡，需要人帮忙；从轮椅上移动到床上，需要人帮忙；连上厕所这种尴尬事，离了丈夫的帮助也变得异常艰难。为了消解这无处不在的不便带来的烦躁，她依旧在拍摄，模特儿只有两个：她的女儿和她的丈夫。

对她认真执着的拍摄，女儿表现出惊喜，丈夫一开始却很抵触。丈夫以手遮脸说："我有什么好拍的，发际线都盖不住脑门了。"过了一会儿，敏感如他，也领会了拍摄对于她的重要性。那是融入血液与骨髓的需求吧，不仅是她的安身立命之本，也是她与这个世界的精神联结。如果拍摄能让她在养伤的日子里不再那么烦躁和委屈，为什么不让她拍呢？丈夫马上就像一名对镜头熟视无睹的路人一样，操持起里里外外的一切事宜，把她的镜头给忘了。

新婚蜜月结束后，七姐便再未这么认真地在镜头里打量过丈夫。他在温度达到40℃的厨房里煎炒烹炸，赤裸的脊背上是密密麻麻滚圆的汗珠；他在灼热的阳台上晾晒衣服、床单，女儿在床单间与他躲猫猫，发出阵阵欢笑声；他专心致志地为新学了古筝的女儿调校音弦，一架古筝，琴弦多达21根，每一根，他都贴耳细听，不厌其烦；他安静细致地为所有的盆栽喷水，脸上是吊兰与绿萝筛下的光影；他甘之如饴地翻动书页，桌上的茶杯与茶壶散发着温润如玉的光泽；他倚在床头给女儿讲睡前故事，而孩子的100次发问也不会令他急躁，他的侧影依旧被心平气和的光晕所笼罩……七姐一向焦躁冲动的心，犹如被清泉浸没，被微风拂过。她想起摄影大师史蒂夫·麦凯瑞所说的名言："镜头里自有被我们忽视的情感与故事。在这世间生活久了，我们总是对别人最动人的一面熟视无睹。对我来说，打破这一思维定式的方法就是用镜头对准他，捕捉故事行将发生的那一刻。"

动人的摄影从来不是技巧的炫耀，而是情感的定格。同样，反映伴侣品格与气质的瞬间，也从来不是什么激情四射的时刻，而是充盈着细节的张力、温暖的光晕和相亲相爱的默契。七姐反思自己，就算是一名缺乏出众摄影能力的女子，只是用手机拍一拍，也应该不时透过镜头去捕捉、聚焦丈夫最打动自己的一刻，为彼此的相处创造细腻感人的"高光时刻"。何况她这样训练有素、饶有天赋的女性？她之前是多么粗心啊。

（摘自《读者》2020年第7期）

烙饼里的爱与温柔

肖 遥

　　在这个春天，我按要求尽量少出门，买不了馒头，就只能烙饼。开始我不得窍门，烙的是死面饼，后来竟然无师自通地烙出了金黄色的发面饼。这一定是缘于姥姥的熏陶。

　　10岁那年的暑假，我在姥姥家，每天最期待的事就是开饭。那段时间，姥姥天天换着花样烙饼——烫面饼、发面饼、油旋饼、葱花饼、菜合子、肉馅饼……多年后的今天，我回忆起来才明白，当时姥姥已经知道自己病了，知道给我们做饭的时间不多了，便使出浑身解数，那些各式各样的烙饼、煎饼、菜饼、肉饼，其实是她最后的创作。姥姥虽然不识字，但她的这个举动，令我在多年后仍然感到震撼：这种拼尽全力的绽放，有种壮丽的诗意，简直是一场用生命创作的行为艺术。我这样一个"口粗"的、懵懂混沌的小孩，在她作品的召唤、启迪下，意识到了人间烟火之美。

她用爱和付出，述说着自己对世间的留恋和对家人的不舍。

然而，这样的爱越浓烈，越有很多求全之毁和不虞之隙。母亲一家人都讷于言，有事不说，也许是不屑于说出来，也许觉得情绪外露是不体面的，也许是觉得说出来也没什么用，只能令自己的处境更加尴尬，于是忍着忍着就习惯了。总之，从姥姥，到舅舅，再到我妈，都不爱说话。这也使得姥姥对舅舅虽然颇多怨言，却从不当面说出口，只是偶尔把我当成"树洞"，抱怨舅舅跟他的同事有说有笑，对自己的亲娘反而冷着脸；抱怨舅舅在她这里从来待不到两分钟。"算了算了，还不如不来，反正来了也无话可说……"

我从8岁开始就有写日记的习惯，姥姥对舅舅的抱怨大多被我写进了日记。有一天，舅舅来到姥姥住的窑洞说事，母子俩待在一起不知该说啥的时候，不识字的姥姥没话找话，把我的日记本拿出来，递给舅舅说："这孩子写作业用功得很，跟你小时候一样，你给孩子检查一下，看看写得好不好。"没想到姥姥竟然把我的日记拿给舅舅看，我尴尬得几乎要找条地缝钻进去，可一转念，又隐隐有所期盼，或许我的日记能改变些什么……之后便开学了，我离开了姥姥家，没有亲眼看到日记所起到的效果。再接下来，就听说姥姥被查出患病之后，舅舅像疯了似的，天天背着人哭。他冬天蹲在结冰的水沟里找蛤蟆——据说蛤蟆是一味中药的药引子，能治好姥姥的病。那本我小时候的日记，记录了姥姥和舅舅年复一年住在一起，日日相见，相爱相杀，用很多极端方式才能表达和明了的感情。

我现在才明白，那本日记谁也没有说服，舅舅不会只因看到我的日记就自责愧疚，从此变得口吐莲花、斑衣戏彩；不识字的姥姥一辈子生活在她狭小的世界里，更没有机会变得乐观通达。那本日记只说服了我自己，提醒我在这个特殊时期，珍惜与父母子女日日相处的时光，不要变成让孩子惶恐的妈妈、让老人畏惧的女儿。

　　不知道说什么的时候，就去做饭吧，用生涩的厨艺、诚挚的美食，表达我们的深情。就像那些热腾腾出锅的烙饼，正是姥姥对我们无尽的爱与温柔。

（摘自《读者》2020年第13期）

示　爱

廖玉蕙

女儿常常给我灌迷汤。我的文章写好了，念给她听，她总是再三赞叹："妈，你写得真好！你真的好棒哦！"

听完不算，还要把稿子拿过去，自己再看一遍，一副爱不释手的模样，使我的虚荣心得到极大的满足。

我偶尔买了新衣，在镜子前顾影自怜时，女儿总在一旁全程参与，并不厌其烦地给我打气："这件衣服真好看，以后你不穿了，不要送给别人，就送给我好吗？"

家里的白板上，不时地会出现一些道谢或道歉的话，甚至一些示爱的文字。有时，在学校上了一天课，精疲力竭地回家，看到女儿上学前在白板上留了这样的话："亲爱的爸妈，你们辛苦了！我爱你们！女儿敬上。"

霎时间，疲累全消，觉得人生并非毫无意义。

那年，父亲过世已有一段时日，母亲心情抑郁，寡言少语。为了排解她的寂寞，我们接她北上和我们同住。母亲一向手脚伶俐，在那一段时日里，她总是抢着帮我做饭。我当时除教书外，还得去上博士班的课程，有了母亲的帮忙，我少操了不少心，不论是工作上还是精神上都受益良多。

一日，我在理工学院教完早上的四节课，又赶着下午两点去东吴大学当学生。在驱车回家的途中，我想起这些日子来，每次急匆匆地踏进家门，母亲总会及时端出热腾腾的新鲜饭菜，相较于以往潦草的简餐，有母亲在的日子，实在是太幸福了。而我尽管早就有这样的感觉，为什么从来未曾向母亲表达内心的感受呢？我不是常常因为女儿的甜言蜜语而觉得精神百倍吗？难道我的母亲就不想听她女儿的感谢吗？

车程蛮长的，我有足够的时间来培养勇气。我决定一进门就启齿。然而，当房门一打开，母亲绽开笑靥，朝我说：“回来啦！吃饭啰……”

我突然一阵害羞，因而错失了最好的时机。我觉得有些懊恼，决定再接再厉，我安慰自己：“没关系，第一次总是最难的，跨过了这一关，以后就简单了。”

吃饭时，我一直在伺机行动，以至于显得有些心不在焉，几次答非所问。母亲奇怪地问我：“你今天是怎么了？为什么奇奇怪怪的？”

我开始佩服女儿了，她为什么总能把感情表达得如此自然，一点儿也不别扭，而我却这般费力！

饭吃完了，我还是没说，心里好着急，再不把握机会，这句话恐怕只能永远藏在心里了。我低头看着碗，勇敢地说：“妈！我觉得自己好幸福！四十几岁的人，中午还有妈妈做了热腾腾的饭菜等我回来吃。”

我头都不敢抬地很快说完，也不敢去看母亲的表情，便急急地奔进书房，取了下午要带的书，仓促地夺门而去，心情比当年参加大专联考还紧张。

　　那天傍晚，我从学校回来，母亲已在厨房忙着。我悄悄地打开门进屋，发现自从父亲过世后就不曾开口唱歌的母亲，居然又恢复了以前的习惯——在厨房里边打点着菜，边唱着歌。

　　　　　　　　　　　　　　　　（摘自《读者》2020年第15期）

我的老彭走了

樊锦诗 / 口述　顾春芳 / 撰写

我和老彭是北京大学的同班同学，老彭是我们班的生活委员，同学们给他取了个外号，叫"大臣"。

当时男同学住在36斋，女同学住在27斋，男生女生之间交往比较少。我一直叫他"老彭"，因为他年轻的时候白头发就很多，我心想，这个人怎么年纪轻轻就这么多白头发。他和我们班同学的关系都很好，因为他办事认真，有责任心，给人的印象就是热心诚恳、非常愿意帮助别人。这是我对他的第一印象。

有一次，老彭带我去香山玩儿，爬到"鬼见愁"，我实在口渴得很，老彭就去找水。估计是买不到水，他买了点啤酒回来。我说，我从来不喝酒，他说，喝一点没事儿，啤酒也能解渴。谁知道我喝了一点点儿就晕得不得了，路也走不动了。他问我，为什么不早说。我说，我从来不喝酒，是你说没有关系，我才喝的。他就耐心陪伴我在那儿休息，直到我酒劲儿过去，慢慢缓过来。

大学四年级的暑假，我姐悄悄地告诉我，说家里给我相中了一个人，而这个人我根本没有见过。因为我不愿意，所以我就向父母说明自己已经有意中人了，他出身农村，是我在北大的同学。我之所以要告诉父母，是不想让二老再管我的婚事。

我和老彭之间没有说过我爱你、你爱我，也就是约着去未名湖畔散步。毕业前，我们在未名湖边合影留念。毕业分配后，老彭去了武汉大学，我去了敦煌。那时候我们想，我先去敦煌一段时间也很好，反正过三四年后学校就可以派人来敦煌替我，到时候我还是能去武汉的。在北大分别的时候，我对他说："很快，也就三四年。"老彭说："我等你。"谁也没有想到，这一分竟是19年。

经过各方面的努力，我和老彭真正聚在一起是在1986年。老彭也调入敦煌研究院，最初的一段时间在兰州，后来到了敦煌。

到了敦煌后，老彭放弃了在武汉大学从事的商周考古的教研事业，改行搞了佛教考古。他主持了莫高窟北区石窟两百多个洞窟的清理发掘工作。莫高窟北区石窟考古是研究所成立40多年以来想搞清楚而没有搞清楚的问题。老彭热爱这个工作，一跟人说起北区，就兴奋得停不下来。如果他的价值因为来到敦煌而得不到实现的话，我一辈子都会感到内疚，好在他重新找到了自己的事业。

北区石窟的考古发掘，被认为是开辟了敦煌学研究的新领域。老彭年过半百之后放下自己做得好好的事业，从讲台到田野，一切从零开始。老彭在莫高窟北区考古发掘的收获，对他和我来说，都是一种安慰，命运对我们还是非常眷顾的。

老彭这一生不容易。小时候家境贫困，他是兄嫂带大的；娶妻生子，他和我又两地分居，家也不像个家；自己在武汉大学开创考古专业，为了我而中途放弃；没等享受天伦之乐，他晚年又得了重病。

他第一次得病是2008年秋天，在兰州检查确诊为直肠癌。记得当时他给我打电话，我一听声音就知道情况不好。他说："查出来了，我直肠里面有个疙瘩，怎么办？"我就联系兰州的同事陪他继续检查，又往北京、上海打电话，最后在上海找到一位专家。后来，我陪他去上海住院、做手术和治疗。手术很成功，治疗的结果也很好，后来没有复发。

他出院后在上海的孩子家里疗养了一段时间，我天天为他做饭，给他加强营养。他刚出院时，瘦得只有40多公斤，慢慢营养跟上了，他的体重到了60多公斤。2009年的春末夏初，我们俩回到敦煌，老彭的身体已基本康复。我跟他说："你现在要休养，以休息为主，以玩为主；想看书就看书，不想看就不看。你愿意怎样，就怎样。"他很理解我的安排。

从2008年到最后走的近10年时间里，他过得还是很愉快的，有时出去开会，有时出去游玩。老彭很早就喜欢玩微信，那时候我都还不会。他也愿意散步，喂猫，到接待部和年轻人聊聊天。他退休之后，我们俩一起去过法国，他自己还去过印度。

以前我总是想着，等我真正退下来，我们还有时间到各处去走走玩玩，实际上我的闲暇时间很少，无法陪他出去痛痛快快地玩。

我一直觉得对不起他。我忙，他生病后我不让他做饭，早上、中午两顿都是他去食堂打饭，晚上就熬点稀饭，他还承担了洗碗的家务。其实，这一生都是老彭在照顾我，家务活都是他帮我在做。其实，他不太会做饭，但只要他做，我就说好吃。他爱包饺子、爱吃饺子，馅儿做得很不错。他喜欢吃鸡蛋羹，却总是蒸不好，我告诉他要怎么蒸，怎么控制火候。

我蒸的鸡蛋羹他就说好吃，他满足的样子像个孩子。

2017年年初，他第二次生病，这次的病来得突然，来势凶猛，发展迅速。

春节没过完，我就送他去上海的医院检查，确诊老彭患的是胰腺癌。面对这突如其来的打击，我几乎绝望，浑身无力，实在难以接受，心里一直在想怎么办？我请求医院设法救救老彭。医生耐心地给我解释："胰腺癌一旦被发现就已经是晚期，在全世界范围内还没有有效的治疗方法，美国的乔布斯也死于这种病。要么开刀，但我们把你当朋友，跟你说实话，他这样的年龄，如果开刀就是雪上加霜。"我把孩子们叫来一起商量，最后定下的治疗方案就是：减少痛苦，延长生命，不搞抢救。老彭不问他得的是什么病，跟大夫相处得还挺好。我没有勇气告诉他得的是什么病，医生也不让我说。医生亲自告诉老彭，说他得的是慢性胰腺炎，这个病不太好治，要慢慢治，希望他不要着急。

在整整6个月的治疗过程里，我几乎天天往来于旅馆和老彭的病房，也经常与医生联系，商量如何治疗。有很长一段时间，我心里还是想不通，他怎么会得这个病？像他这样好的人不应该遭此不幸，为什么老天爷偏偏要让老彭得这个病？

我查了一些资料，所有的资料都显示，胰腺癌是不治之症。有一次，我看到罗瑞卿的女儿罗点点写的文章，她是医生，见过无数病人痛苦地离开这个世界，她说人最佳的一生就是"生得好、活得长、病得晚、死得快"。她不主张无谓的抢救，认为这样非但不能减少临终病人的痛苦，反而会给病人增加痛苦，主张要给临终病人一个体面、有尊严的死亡。

这样，我也慢慢地平静下来，面对现实，告诉自己要多陪陪他，在饮食上多想些办法，尽量给他弄些他爱吃的食物，多给他一些照顾，多给他一些宽慰，减少他的痛苦。

老彭很相信医生，从来不跟我打听病情，其实少知道点也有好处。现在如果有人问我如何看待死亡，我想说，死并不可怕，每个人都会死，但最好是没有痛苦地死去。治疗过程中的前三到四个月，老彭的情况还比较稳定，心态比较乐观，饮食也还不错。他说治好了，要给大家发红包。我问他给不给我发红包，他说给我也发。

他很愿意跟人聊天，有时候和医生也能说上好一会儿，我就叫他少说几句，多歇息。那时候，他还会看看电视、听听歌，我也不太愿意跟他聊痛苦的事。有时候我让他吃一点酸奶，他说不吃，我说就吃一口吧，他又让我先吃，然后他吃了还说："甜蜜蜜。"

医院食堂每周星期三供应一顿饺子。一到日子，他就说："今天星期三，你们早点儿去买饺子。"他一定要让我们陪护的人在病房里吃，他看着我们吃。我说："老彭，你看着我们吃馋不馋，要不你吃一个尝尝味道。"我心里知道，虽然我们努力帮助他减少痛苦，但毕竟这个病很折磨人，要想完全不痛苦不难受基本不可能。

到后来，我搀着他走路时都能感觉他浑身在发抖。他说自己又酸又胀又痛，还跟我说想要安乐死。这件事我无能为力。我知道他一直在和病痛做抗争，我能做的就是请大夫想办法，缓解他的痛苦。

老彭特别坚强，痛到那种程度了，还坚持要自己上卫生间。他一会儿坐起来，一会儿躺下，什么姿势对他来说都很难受，但他从没有叫过一声。一看见医生来查房或看他，他还露出笑容，稍微好一点点就又充满求生的希望。我心里明白，他正在一天一天地离我们远去，直到最后离开。我唯一能做的就是不断想各种办法，好好护理他，不让他受更多的罪。

他刚住院情况比较好的时候，我还偶尔到外地出差，都是速去速回。最后将近一个月，我和两个儿子，外加一个照顾老彭的小伙子，4个人轮流值班。白天我在病房守着他，晚上看他吃好安眠药睡下，我再回去休息。他从来不想麻烦别人，因为夜里难受来回折腾，第二天我还听到他给老大道歉："昨天晚上对不起。"我说："你说这个是多余的话，他是你儿子呀，护理你是应该的。"但是，老彭就是这样一个人。

有一天，我轻轻地摸摸他的额头，他不知道哪里来的力气，抬起身子，把我搂过来吻了一下。他走的那天早上，五六点钟医院就打来电话，说老彭的心率、血压都在下降。我想他可能不行了，就急忙往医院赶。到医院的时候，他已经昏迷了，我就大声叫他："老彭！老彭！老彭！"我一叫，他就流眼泪了。听说人在弥留之际听觉是最后消失的，我想他应该听到了，那是中午12点。

老彭走后的半年，我瘦了10斤。按照他和我的想法，后事办得越简单越好。我向研究院报告了情况，叫院里不要发讣告。老彭是2017年7月29日走的，我们31日就办了告别仪式。我没有发言，两个孩子也不让我发言，他们就代表家属发言。我想把"老彭"带回敦煌宕泉河边。两个儿子说："你带走了我们看不见，所以骨灰暂时存放在上海。"清明、立冬，还有一些节日，他们都会去看看。

一个月后，我又回到敦煌。一切都是老样子，只是我的老彭不在了。

我早上就弄一点儿饼干、鸡蛋、燕麦吃，中午自己去食堂打饭，一个人打一次饭就够吃中午、晚上两顿，晚上有时候也熬点小米粥、煮点挂面，就像他在的时候一样。其实，我一直觉得他还在，他没走。

有一次别人给我打电话，问："你现在跟谁过啊？"我说："就我跟老彭。"对方一下不说话了。每次出门，我都想着要轻点儿关门，老彭身体不好，别影响他休息。我把一张他特别喜欢的照片放大，就放在我旁边。2019年除夕那天，我跟他说："老彭，晚上咱俩一起看春晚。"

借来的粉蒸肉

七　焱

一

我永远记得6岁那年的除夕。

1988年岁末，我独自在母亲的宿舍等她归来。室外天寒地冻，宿舍内因悄声燃烧的蜂窝煤而温暖了许多。

我饿了，开始不停往那口冒着蒸汽的铝锅望去，随着蒸汽一同弥漫的，是满屋的粉蒸肉香味。

我到底还是抵不住肉香的诱惑，揭开锅盖，夹了一片粉蒸肉放进嘴里，心里想着"再吃一片就好"，嘴上却不停，连吃了半碗。

我吃得正酣，母亲带着一身冷气回来了。她推门而入时，我嘴里正含着一块肥肉。母亲扫视了屋内一圈，直盯着我，走了过来。当即一顿连扇带打，我张着嘴哇哇大哭，半块肉连同涎水掉了出来。

揍过我之后，母亲端起那碗粉蒸肉甩门而出，留下我一人在她贫陋的职工宿舍里不停抽噎。

过了一段时间，母亲又端着那碗粉蒸肉回来了。她愠怒已消，面容恢复到一贯的丧气，顺手把碗放进锅里重新热了热，然后端出来，让我跟她一块吃。

吃完那碗粉蒸肉，按母亲的说法，"就算是过了除夕"。

二

母亲用如此粗暴的方式体罚我，在那时已成习惯，而且往往毫无缘由。

成年以后，我才重新满怀酸楚地触碰这些记忆，连同多年来对母亲生活的思考，以及来自周围的零散信息，才隐约得出一些答案。

早在我尚不记事的幼年，母亲便因多疑整日与我父亲争吵。她偏执地认定，父亲在他厂里有个相好的，而父亲偏偏是一个沉默寡言的男人。在妻子数次追闹到单位之后，他直接消失得杳无踪迹。

母亲更加觉得自己的生活失败透顶了。她原先是国营塑料厂的缝纫工，婚姻遭遇变故没多久，便被调换成烧火工，只有噪音和孤独与她为伴。每况愈下的处境加之原有的性格，在她身上形成了恶性循环。

她常常无端地、趾高气扬地对车间的临时工颐指气使，或者和正式工产生摩擦，回到宿舍面对我时，经常是一触即发的殴打。

在对我施暴的同时，母亲还会从口中喷发出强烈的愤懑："磊，磊！你就是我的拖累。"父亲给我取的"磊"字，愈发招致母亲的怨愤。

我理解母亲当时的处境。

而使我最终对母亲充满怜悯的，是每次揍完我后，她抱着我放声哭泣的声音。多年来，这样的哀啼常常在我梦中隐约传来，让我一次次惊醒。

即便是那样普天同庆的除夕之夜，在母亲和我的世界里，也愈加像一出悲剧。

三

20世纪90年代，市场经济的春风，也吹拂到我们这个山区小县城，母亲和我的生活也不再那么捉襟见肘了。

母亲所在的车间被私人老板承包，工人工资由计时变为计件，当时母亲的工种已经调回缝纫工，整天在缝纫机前缝蛇皮袋，一个5分钱，一天能做三四百个。为了多挣钱，母亲每天都在工厂里干得热火朝天。

私人老板另有一个竹制品厂，母亲和一些同事又挤时间揽制作麻将凉席的活儿。她先将打成小块的小竹板钻孔，再穿进塑胶管连接整齐，母亲遍布双手的伤痕和茧疤就是那时留下的。

当然，每个月领到的工资足以令母亲喜笑颜开好一阵。几乎每次，母亲拿到工资的第一件事，就是去菜市场买点肉，用草绳拴挂在自行车的车头，招摇过市地骑回家。

母亲总会麻利地将蜂窝煤炉和灶具搬到屋门口，菜籽油烧得滚烫，肉片入锅的"欻啦"声，锅铲炒动的节奏，升腾而起的油烟随之传来……我紧张而愉悦地站在一旁，看母亲弯着腰皱着眉头，全然沉浸在这场表演中。

待炒菜的气味弥漫在整个走廊上，隔壁屋子传来一句短促的"好香呀"

时，我忽然间，也是第一次想到"幸福"这个词，并小心翼翼地试图去理解其中的含义。

甜脆的蒜薹炒肉，呛辣的青椒炒肉，汁浓汤香的大烩菜，软糯烫口的粉蒸肉……在那段时光的流转中轮番出锅，从屋外被端到屋里。

生活的忙碌也逐渐让母亲的心境趋于平和。

那时我已上了初中，看得出来，母亲风雨无阻地往返于塑料厂、竹制品厂和家里的疲惫身影背后，全是满足和信心。

如果问我，这些年我最希望停留哪段时光，那无疑是这个阶段。母亲让我看到了她勤劳、坚强的一面，在我性格走向成熟的时期，在我以后的人生道路上，"务实不虚"是这个时候的母亲教给我的。

四

虽然母亲的脾气依然暴躁，但她依旧给予我尽可能多的爱，用属于她的方式。

一个爱八卦的中年妇女，有段时间成天往我家跑，目的是说服母亲嫁给一个河北的煤矿工人。那段时间，那个妇女常常紧紧跟随在母亲身后，像个影子一样寸步不离。这令母亲，尤其是我，感到极度厌烦。

最终，母亲松了口，答应见他一面。见面地点是这个妇女的家里，妇女领着母亲，母亲领着我。

妇女不停地对母亲讲对方的好处，母亲则细细追问男方家庭子女的情况，我一言不发，心中泛着莫名的伤感，不情愿地跟在最后。

男人木讷、老实，半天才说上一句话，似乎眼见事情要成，那妇女乐开了花似的不停地说："多好的男人呀，实在，靠得住，以后肯定亏不了你们母子。"

但后来，母亲翻了脸。

午饭时，介绍人让男人出去买点酒菜，她也想趁机问问母亲的意见。母亲什么都没说，被问得紧了，就不耐烦地喊一句："急什么急，再观察观察。"

男人买了半斤肉和一些下酒菜，那妇女就拿着去厨房忙活了，不大一会儿，饭菜做好，我们几个人围在桌前。有饭菜堵嘴，男人更加没有话说，一个劲儿地往嘴里塞菜。

那桌饭上恰好有一道粉蒸肉，母亲先给我的碗里夹了两片，可是我并没有食欲，只是用筷子在碗里乱戳。对面的男人则不停地给自己碗里夹肉，不大一会儿，一碗粉蒸肉眼见着就要被他扫光。

母亲的脸色越来越难看，不等吃完，"啪"的一声将筷子拍在桌上，拉起我的手就往外走。那妇女慌了神追出来，可显然拦不住气头上的母亲。

母亲最终扔下了一句话："在我面前，谁也别想抢我儿子的肉！"

五

此后每年的年夜饭，我家桌上照例都有粉蒸肉，但不知什么缘由，我很少再动筷子了。

2001年，我考上省城的大学，母亲也分到了职工安置房。那年寒假回家过年，母亲特意操持了满满一大桌酒菜。

我笑着问她："两个人怎么吃得完？"

母亲高声说："剩再多我也愿意。今年你考上大学，咱家又住进新房，必须好好庆祝。"

　　桌上仍然有粉蒸肉，我忽然就想起了1988年的那个除夕，便开玩笑和母亲说："妈，你记不记得我小时候有次过年，我偷吃了半碗粉蒸肉，你把我打了一顿？"

　　母亲的视线在杯盘间来回移动，笑容却如同落潮一般逐渐退去："咋不记得……你得体谅你妈当时的处境……"

　　接着，母亲讲了那天我不知道的事。那时，我们的生活非常窘迫，厂里的工资常常不够娘俩的开销。眼见着到了年关，母亲还是凑不齐置办年货的钱，只好在除夕那天早上跟厂里的同事借。

　　母亲央求许久，一个电工终于从家里拿出一块肉来，说："只能帮这些了。"

　　母亲拿了肉回来，拌了红薯和米粉蒸了一碗蒸肉，算是那天晚上的年夜饭。忙完这些，她再出门办事，迎面碰上了电工的媳妇。她辱骂我母亲，非要她把那块肉还回来。母亲和她大吵了一场，回来就端走我吃过的那碗肉要还给她。

　　后来，还是工友们劝住了争吵的双方，我和母亲才得以吃到那半碗粉蒸肉，度过那个除夕，迎接新年。

　　母亲讲完，眼泪就吧嗒吧嗒地往下掉。过了好一会儿，母亲才问我："你还记得呀？"

　　我赶忙说："不是，只不过刚刚想起来，随口问一句。"

　　母亲又问："那你后来咋不爱吃粉蒸肉了？"

　　我沉默了半天才说："太肥了，吃不动。"

六

又过了十多年，母亲早已退休，我也参加工作好几年，因为经年疲于奔命，很久都没能好好团聚。直到2014年，我在省城付了首付买了房，才把母亲接到新房子里过了个年。

母亲真的老了，她从前暴躁的脾气和高亢的声音早已消失得无影无踪。跟我讲话时语速缓慢，声音也谨慎轻柔起来，连看我的眼神，也常常带着一种迟钝的幸福。

那顿年夜饭由我亲自操持，我想给母亲做些新鲜的，于是除夕一早，我就去超市买了一堆海鲜，忙活了一下午做了一桌菜。母亲笑眯眯地望着精致的杯盘，看着那些大闸蟹、白灼虾、多宝鱼、花蛤和扇贝……就让我教她吃这些东西。

吃了几口，她淡淡地说："过年还是要吃肉啊。"

此时的我，已经很少吃肉了。但思绪忽然就回到1988年的除夕，我知道，那碗粉蒸肉飘溢的糯香味，将永远萦绕在我们母子之间。

（摘自《读者》2020年第19期）

我的父亲

马 良

　　在我小时候，父亲很少和我说话。但他并不是不苟言笑的人，只是他有太多的工作要做、太多的事情要思考，以至在我的童年回忆里，父亲就是一个沉默的背影。这背影对一个孩子来说，充满了威严和距离感。当然有时他也会回头对我笑笑，我那时就会特别开心，觉得自己正一天天成长为他的朋友；但当他转过身时，我又会沮丧地觉得他面对的是一个我永远也无法进入的神秘辽阔的世界。前去探究那个世界的念头，一直深深吸引着我，如今想来，也许我走上今天的道路，只是为了追随父亲的背影，去见识一下他曾经面对的远方。

　　父亲从小练京剧武生，和电影《霸王别姬》里那些孩子一样，是吃了不少苦头的。虽然没有成为一个角儿，但他因为聪明好学最终做了一名导演。

父亲刚做导演的时候还不到30岁。他在工作上的强悍作风是出了名的，在排练厅里是说一不二的人物，但下了班，他和门卫们称兄道弟，非常不"张狂"。他曾经悄悄和我说："这些叔叔都是我的师兄弟，练武生的一旦老了，受伤了，翻不成跟斗了，便只能被安排在剧院里做门卫。他们比你爹厉害多了，我倒是个糟糕的武生。"

父亲因为练童子功，身材长得不甚威武，比我矮一个头还多。他经常伸长了胳膊摸着我的头顶，半是骄傲半是遗憾地说："你瞧瞧我儿这体格，原本我一定是有你这样的个头的。唉，9岁就下腰拉腿，硬是没有长开。"对此我是深信不疑的。父亲和张飞是同乡，即便没长开，也还是个天生威猛的人，他扯起嗓子怒吼的时候，我完全可以想象张飞在当阳桥上三声喝的威力。有一次半夜警察来家里找父亲，那时我还小，害怕得不行，以为警察要抓他去坐牢，我妈也吓坏了，只有父亲表现出很不以为意的样子。结果人家是来道谢的，说是昨天父亲抓了个小偷送到派出所了。父亲回家竟没有和我们说。他这时才有些得意地说："昨天回家路上我遇见三个偷车贼。我病了这些年，怕打不过他们三个，于是发了狠，大吼一声，结果两个人当时就吓得屁滚尿流地跑了，余下一个腿软得竟站不起来，我便抓住了他。"警察们连声称奇，他倒谦虚："他们偷自行车的地方是后面大楼的那个过道，有回音共振效果，不是我的本事。"我们一家人这才笑了。

其实父亲是个标准的文人，不过就是有一副武夫的嗓子罢了。我12岁考美院前的补习冲刺阶段，糟糕的文化课成绩成了我考美院的最大障碍，我复习得很辛苦，也很吃力，几欲放弃。一天早晨睁开眼，我发现床头正对的墙上，贴着一幅父亲写的大字："有志者，事竟成，破釜沉舟，百二秦关终属楚；苦心人，天不负，卧薪尝胆，三千越甲可吞吴。"这话对我的激励作用很大，我后来便真的破釜沉舟、卧薪尝胆地考上了美院。父亲的书法特别好，笔锋奇特，自成一格，但于我更受用的是那些文字里的嘱托——一个父亲给在世间行路的孩子真正的指引。

父亲后来变得越发柔和了，而我则渐渐变得高大魁梧。几年前他病了，一天晚饭时突然从凳子上倒了下去。送医后，医院发了病危通知，他躺在床上陷入昏迷状态。我突然意识到也许我会就此失去他，想起他在来医院的路上，直直望着我紧锁双眉却口不能言的样子，我心如刀绞。到了第四天的晚上，他仍处于昏迷状态。我和姐姐轮流陪夜。那天是我陪通宵，窗外医院招牌的霓虹灯将一片红光映入病房，父亲一动不动地躺着，四下里悄无人声，只有呼吸机和心电监测仪的声音。医生说如果父亲再不醒来便可能再也醒不过来了，我整夜握着他的手，一刻也不敢放开。凌晨三点多，我伏在他耳边轻声和他说了很多话，心里想着也许他能听见，即使再也醒不过来也能听到。之后发生的一切，我一辈子都记得，仿若奇迹。

我突然感觉他的手特别温暖，那洒了一屋子的红色灯光竟也亮了许多。我突然有种奇怪的感受，昏迷的父亲，这位给了我生命的人，正在通过他的手，将他所有的暴烈的能量、他一生的信仰和热爱、他的智慧和学识，源源不断地传输给我、赠予我。那一瞬间，在我突然意识到这一切的瞬间，我激动极了，也害怕极了，激动于这样一种正在我想象里奔涌的不可思议的传承，恐惧于也许这一刻便是永别，他将一切尽数托付，便一去不回。我流着眼泪唤他，不知所措，叫得越来越响。慌乱间，我突然看见父亲睁开眼睛望向我，好像是为了一句答应，他不走了，他还要陪我们一家人活下去。我立即叫来医生，那一刻后父亲便苏醒了，一直在我身边，只是真的不再有暴烈的锋芒，不再发脾气了。我相信那一夜发生的一切都是真的，从此他成了一个特别和善的人，总是拄着一根拐杖，微笑着看我，像没有原则的土地爷爷一样慈祥。

父亲如今已经85岁，不复他壮年时期的男子气概，成了一个可爱的小老头，但也不服老，拄着拐杖跟我妈四处旅游。平日他还埋头写书，这几年里已经完成了几十万字的戏剧导演学著作，只是一直在修改，总也不舍得脱稿，说是必须对得起将来读书的人，不能因为自己的老迈而有所疏忽错漏。"我是不会在前言里抱歉地说这本书有很多疏漏之处的，那些都是客气话，做学问不能自己给自己找台阶下。"

前段时间，我发现父亲左手腕上并排戴着两块手表，便好奇地问他为什么，父亲笑说："没什么，它们都还在走啊，走得很好，我不忍心在它们之间做选择。"我听了禁不住要去抱这个老头子，真心想要拥抱他，好好感谢他，他总是润物细无声地将这些朴素温厚的情感指给我看，自己却浑然不觉。

（摘自《读者》2021年第6期）

一个叫冬来的女人

裘山山

冬来的故事，是父亲讲给我听的。

父亲讲这个故事的时候，竟然几次红了眼圈儿。

他说，在他出生之前的某一天，家门口来了个老头儿，手上牵着一个6岁左右的小女孩。当时是冬天，祖奶奶见他们可怜，就拿了些吃的给他们。但老头儿还是不肯走，他跟祖奶奶说，家里实在穷，无力抚养孩子，希望将这个小孙女卖给祖奶奶。

那时这样的事情经常有，孩子养不活了，就把孩子卖掉。可是这个老头儿牵着小女孩在村子里走了一圈，没有人家愿意要——家家都不想添人口。祖奶奶看那个小女孩很可怜，由于天气寒冷，小脸冻得通红，饿得哆哆嗦嗦，可怜巴巴地看着她。祖奶奶实在不忍拒绝，就要了下来，也就是几块银圆而已。

那时祖爷爷家的家境尚可。但是祖爷爷回家看见小女孩，很生气，他认为家里已经有这么多女人了，有老婆，有儿媳妇，有女儿，不该再花钱买丫头来干活，何况这么小的丫头也不顶用。他不理解祖奶奶是因为可怜小女孩才留下她的。小女孩看祖爷爷发火了，很紧张，端在手上的碗一下掉在地上打碎了。这下祖爷爷更生气了，抄起竹拍子（晒被子用的）顺手就给了她两下。祖奶奶连忙叫她去倒垃圾，把她支开。

小女孩提着垃圾走出大门，突然发现她的爷爷就在大门旁的墙脚蹲着。原来爷爷卖了她以后心里难过，不放心，就一直没走，在拐角处想等孙女出来再看一眼。小女孩见到爷爷当即放声大哭，将袖子撸起来给爷爷看。爷爷看见她胳膊上的红印，也是老泪纵横，爷孙俩在雪地里抱头痛哭。

这一切，都被祖奶奶看见了。原来祖奶奶因为心疼这孩子，就跟在她后面。祖奶奶也落泪了，把小女孩领回家，擦干女孩的眼泪，安抚了一番。打那以后，祖奶奶对这个小女孩就像对自己的女儿一样。因为她是冬天来的，祖奶奶就给她取名为冬来，并让她随家里的孩子一起姓裘。

冬来比父亲大9岁，父亲出生时，她已经在这个家待了三四年，祖爷爷也逐渐接受她了。父亲出生后，她的主要任务就是带父亲。

有一次，冬来抱着一岁大的父亲去隔壁三爷爷家串门，下雨路滑，不慎跌了一跤，父亲的额头磕在了鹅卵石上，当即血流不止（父亲的额头上至今还留有疤痕）。冬来吓坏了，哭着抱了父亲回家去找祖奶奶。祖奶奶赶紧找了块布，包上炉灶里的柴灰捂在父亲的伤口上。

这时，祖爷爷回来了，一看长孙的头摔破，流了那么多血，顿时大怒，问是怎么回事。祖奶奶马上站出来说，是她不小心把我的父亲摔了一下。祖爷爷自然不会打祖奶奶，但心里的怒气无法宣泄，一挥手，就将桌上的一摞碗横扫到地上，全部摔碎了。可想而知，若不是祖奶奶的庇护，冬来不知会遭受怎样的皮肉之苦。

父亲两三岁时，整日跟在冬来的屁股后面玩儿。冬来像个大姐姐一样喜欢他，每次买菜时，总会想方设法省下一两枚铜板，背着家人给父亲买米糕，或者包子，笑眯眯地看着他吃下去。她还时常带父亲到田间玩儿，采把野花，或者捉只蚂蚱、蝴蝶什么的给父亲。父亲小时候很依恋她。可以说，父亲关于童年的美好记忆，全部与冬来有关。

父亲12岁那年，冬来出嫁了。祖奶奶跟媒人说，你介绍冬来的时候，要告诉对方，这是她的养女，不是丫头。后来，媒人果然找了一户还不错的人家，在奉化裘村镇，于是祖奶奶给冬来订了婚。

那时，祖奶奶家的家境已大不如前了。据说父亲的太祖奶奶出嫁时，是10个樟木箱子的嫁妆；到曾祖奶奶时，已变成8个樟木箱子了；到祖奶奶时，减到6个；到奶奶这里，已经是4个了。所以冬来出嫁时，祖奶奶为她准备了两个樟木箱子的嫁妆，在当时还算比较体面的。

冬来嫁过去后，因为完全听不懂奉化土语，很苦恼，曾跑回来向祖奶奶诉苦。祖奶奶安慰一番后，她又回去了。以后她渐渐适应，来得少了。再后来她有了儿子，又有了女儿，听说那家人待她很不错，祖奶奶也就放心了。

祖奶奶去世后，父亲家里的兄弟姐妹仍把冬来当成自家人，时常去看她。但父亲上高中后就离开了故乡，一直没机会去看她。

1985年，父亲离休回到杭州，也算叶落归根了。每每说起故乡，说起往事，父亲总会想起冬来，想起这个从小带他的小姑。

一日，父亲终于下决心去看她。他买了好多东西，坐长途汽车去奉化。父亲一路上很激动，想着可以好好跟冬来聊聊天，说说小时候的事情。

那些事情是多么有趣啊，而且好多事、好多秘密只有他们俩知道。父亲童年时的所有快乐，都与冬来连在一起。

冬来见到父亲激动万分，他们已经分别40多年了。父亲年近花甲，冬来也已经近70岁。冬来冲着父亲哇啦哇啦地又说又笑，脸上乐开了花，父亲也将一连串的问候道了出来。

可是，父亲怎么也没想到，冬来说什么，他竟一句也听不懂！几十年过去，冬来已经成为一个地地道道的奉化人，满口奉化土语；而父亲说的嵊县话，冬来一句也不会说了。虽然她总是跟人说，她是嵊县崇仁镇的，她的老家在嵊县，但是，故乡对她来说已经很陌生了。

父亲只会讲嵊县话，冬来只会讲奉化话，于是这两个一起长大，又以无比激动的心情见了面的老人，就只好坐在那里互相看着，傻笑。

讲到这里，父亲的眼圈红了，我也鼻子发酸。

这样的人生场景，不是每个人都会遇到的。

好在父亲看到冬来过得很好，儿女都孝顺，丈夫也对她好，而且有了两个孙女，便感到很欣慰。住了一天后，父亲又高兴又失落地与冬来分别。

离开的时候父亲想，祖奶奶在天之灵，一定会为冬来感到高兴。

毕竟这是她疼大的女儿。

冬来生于1917年，卒于1998年，享年81岁。

（摘自《读者》2021年第19期）

母亲和猪蹄

曾　颖

　　和大多数从困难时期走过来的人一样，我的母亲对食物非常敬重并极其珍惜。在她的记忆年轮里，一粥一饭，不仅仅是一粥一饭，还可能是一条命。在她童年的饥饿岁月里，她看过太多"吃则生，不吃则死"的例子。这些记忆，深深地镌刻进她的人生，在她成长时期的每个时间段，都发挥着决定性的作用。

　　我要讲的这件事发生在20世纪70年代中期，那时物资供应虽然依旧紧张，但已不至于饿死人了，那时的母亲，已有两个儿子：大的是我，5岁；小的是弟弟，1岁多。这个时期在母亲的眼里，食物是对她的儿子们最实在、最真切的爱。她像很多母亲一样，宁肯自己少吃，也不要儿子饿着。不！准确地说，是宁愿自己饿着，也不让儿子们吃得不满意。在我幼年的记忆里，每当家里吃肉，母亲总是选一块没肉的骨头一直啃。这里面的奥秘，直至多年后当了父亲，我才恍然大悟。

但偷嘴事件，就发生在这个时期。

那一年，我母亲打零工的雪茄烟厂来了一位新同事，这位被叫作青姨的阿姨因为和我家住在同一条街上，自然与母亲同路上下班。故事就发生在她们同行的第三天。

工厂在小城的东北方，我家在小城的西北方，上班的路，恰好穿城而过。那时虽然没有小贩或个体户，但县城仅有的几家国营商店，都在她们的必经之路上：米粉店里冒着酸香味的臊子米粉，小食店里辣子旺、汤宽的合脂粉，综合食堂蒸笼里的牛肉和肥肠，工农茶馆门口香糯橙黄的油茶上面的馓子和花生，还有文明店门口临时支起的大锅煮的烩面，上面酥酥的响皮、滚滚的圆子和青绿的葱花下香喷喷的烩面和汤，以及三八副食店那些用票才能买到的红糖糕点和棒棒糖，都像一个个可爱的尤物，施展魅力吸引着人们原本油水不多而常有疯狂想象力的味觉。

对于每天只就着一盘菜吃点饭，半个月左右才吃一顿肉的人来说，这种香味，既是诱惑，也是折磨。特别是口袋中的钱与胃里的愿望不匹配的时候，就更加难受了。

在香气和诱惑扑面而来又缱绻而去的街头，青姨忍不住了，提议吃点东西。妈妈虽然也想，但一想到上午只挣了四五毛钱，就有些舍不得。而且，背着家人一个人在外面吃东西，是她近30年人生中从没有干过的事。作为一个贫家女子，从七八岁起，她就知道从自己的饭碗里捞一小撮米，以做家里月底无米之时的口粮。这种独自在外吃东西的事，完全不符合她的价值观，特别是此时她已成为两个孩子的母亲。

青姨是一个善于做思想工作的人，听了我母亲的话后，她讲了一个故事，说是"粮食关"时期，她老家乡下有两家人，一家父母把分到的所有食物都给了孩子，另一家父母则把自己顾好，然后再照看孩子。最后的结果是，前一家的父母死掉了，孩子自然也没落个好，后一家则全家人得以保全。她由此得出结论，大人自己吃，也不完全是为了自己。

这个不知是真事还是为了让母亲安心的故事，确实起到了让她放松警惕的作用，而这时，她们恰好走到县食品厂的热卤摊前。

热卤的汤锅里煮着排骨、猪蹄、猪尾巴和猪下水。这些可爱的小家伙在冰糖、酱油和香料炒制的卤汁里被煮得金黄锃亮、松软入味、香气四溢。这色香味十足的美食，再加上青姨的思想工作，彻底摧毁了母亲心理的最后一道防线。她终于忍不住了，拿出8毛钱和半斤肉票，和青姨合伙买下一只油光闪闪的猪蹄。

荷叶中包着的半只猪蹄，如同一件绝美的艺术品，在青绿的背景下，白净的骨头、透明的蹄筋、莹洁油亮的白肉被一层金黄的肉皮包裹着，散发出丝丝缕缕若隐若现的香气，宛如刚从仙洞里取出的宝物，让人的胃忍不住一阵痉挛，看着它的人恨不能立即伸出一只手来，将它纳入腹中，直接闯过口舌和牙齿的关口，连骨头都不吐。

青姨几乎就这么干了，拿起猪蹄，到摊后一处无人的电桩下，脸背着大街，狼吞虎咽地吃起来。显然，她是老手，一副轻车熟路的样子，不一会儿就把那半只猪蹄吃掉了，不仅把骨头嚼得稀烂咽了下去，还意犹未尽地舔着荷叶上面的卤汁和油水。

母亲远没有那么潇洒和自在。她捧着猪蹄，犹如尿急了在集市上找厕所的感觉，东找觉得不合适，西找也觉得不自在。整个大街上所有的人，包括卤肉摊上的猪头，仿佛都在嘲笑她，让她觉得自己的额头上写了大大的两个字——偷嘴。

其实，集市还是那个集市，人们各自忙着自己的事，根本没有空搭理这个捧着猪蹄被自己内心的价值观折磨得一脸惶惑的女人。这让母亲的心情稍稍放松下来，她怯生生、小心翼翼地对着猪蹄，啃了一口。这是她这辈子第一次也是仅有的一次比家人先下口吃某样好东西，也是她觉得歉疚和不可饶恕的偷吃。

惭愧和自责，瞬间传遍她的全身。猪蹄上留下的牙印仿佛也在嘲笑她，令她不安，令她无法再咬第二口，令她忍不住丢下青姨，飞快地跑回家。那天中午，我们全家每个人热气腾腾的饭碗里，都有一块香气扑鼻的猪蹄，谁也没有如母亲担心的那样，发现牙印。

之后，母亲再也没有和青姨同路，但偶尔会看到青姨背对着大街狼吞虎咽的身影，她还看过青姨的丈夫同样姿态的身影，还听过青姨的儿子偷东西换吃的，没吃完绝不回家的事情。她觉得，一家人不应该这样。她也暗自庆幸，那半只猪蹄，她没有啃完。

这件事是在我47岁生日时听母亲讲的。虽然已经过去40多年，但母亲的愧意仍溢于言表，这时，我们全家都因血脂原因而与猪蹄绝交了，但大家仍为那一口堵在母亲胸口近半个世纪的猪蹄，沉默了3分钟。

（摘自《读者》2021年第22期）

何以为家

秦　湘

一

　　"老表啊，今年不能按去年的价收你的橘子了，你出去打听打听。实话和你讲，你们这地方路不好，总不能让我赔着油钱做买卖吧。"

　　"再高点儿，价格要是合适，这好几十担都批给你。你也省得到处凑了。"

　　橘子商贩精明算计，批发价一年比一年低。父亲不愿妥协，双方僵持不下，价格始终谈不拢。最后父亲说："老表，今年先不批了，再看看吧。"

　　1995年冬天的那个早上，我们目送橘子商贩的"东风"牌大卡车绝尘而去。父亲蹲在家门口，一句话不说，不停地抽烟。母亲站在他身旁，手里拿着吃了一半的橘子喃喃自语："越卖越贱，越卖越贱，这是为什么呀……"父亲说："在我们这穷乡僻壤，橘子还算稀罕的东西，可是在外面，它就太普通了，比咱家椪柑个儿大、汁水甜、卖相好的品种多的是。再加上我们这地方偏僻，路不好走。商贩就是咬死了这一点，笃定我们不批给他们，橘子只能烂掉。"

父亲在小镇上的汽修厂上班，也是村里栽种果树的第一人。乡邻都佩服他，提起他要竖大拇指。可是这些人并不知道，父亲身体羸弱，常年受胃病折磨，干不了重活，肩不能扛，手不能提。有时候他犯了病，母亲就拿着碗，不停地给他刮背拍打，喂糖水。

就算这样，父亲还是每天骑车七公里到汽修厂上班，下班回家照顾孩子，照料牲畜、打理鱼塘和橘子园。而耕地等粗活重活都落在母亲肩上。

"算了，咱们自己卖！"父亲说。

"六七十担橘子，六千多斤，要卖到什么时候？"母亲问。

"若按橘子贩给的价钱批了，一年的辛苦和肥料钱都换不来，咱们散卖，兴许还能挣点儿。"父亲叹了口气说，"就是散卖的话，以后你要辛苦些了。"

母亲没念过一天书，对父亲向来言听计从。她明白父亲的无奈和愧疚，所以并没有责怪父亲，只是隐隐地担忧，不知道这六千多斤橘子要卖到什么时候。

就这样，六千多斤橘子，全压在母亲身上了。

"妮子，利索点儿，再晚连摆摊的位置都没有了。"

天还没亮，母亲便催促我起床，同她一起赶村集，卖橘子。母亲右肩挑着一担沉甸甸的橘子，右手紧抓着前面的绳子，左手伸到后面稳住另一只箩筐。担子随着母亲的脚步摆动，发出"嘎吱嘎吱"的响声。不到十分钟，我们便走到了村集市。

母亲拿出两个小木凳，一扎红色的塑料袋和一杆铁秤。

"好了，就在这里吧，等会儿有人经过咱们摊了，嘴巴甜一点儿，知道不？眼睛盯紧，别让人浑水摸鱼。可要注意了！橘子的价就喊一块八，有人要还价，就一块七，十斤以上最低还到一块六，给我记死了啊！"母亲说。

"还有，称橘子的时候秤杆不能压得太低，但也别翘得太高，小便宜咱不占，但赔本的买卖咱也不做。账一时算不下来别急，实在不行拿笔算，记住了！"

听着母亲的唠叨和叮嘱，我紧张起来。

"橘子怎么卖，表嫂？"一个提着菜篮子的中年大叔走到摊前。

"好甜的橘子咧，不贵，一块八一斤，自家种的东西。"母亲微笑着回复。

母亲随手将塑料袋递给他。大叔接过塑料袋，蹲下来，在箩筐里挑起来。母亲叮嘱我准备上秤，自己则亮起嗓子，对着行人招呼起来。我暗自佩服母亲的胆色和伶俐，逼着自己学会上秤、算钱、找零。

二

赶村集早市的人不多，加上有三四家在竞争，我们多的时候卖七八十斤，少的时候一早上都不开秤。为了多卖点儿，母亲经常双脚冻得僵硬，等到人散得差不多了，才收摊回家。

母亲并不气馁，为了多卖橘子，她开始变换花样。

前来赶集的乡邻，都会或多或少地买些葱、蒜和香菜。母亲动了心思，把家里种的葱和香菜摘三五斤，洗得干干净净，分成小把。

遇到橘子买得多，或者讨价还价的顾客，母亲便搭赠几把小葱和香菜，到后来她又送芹菜或两三截甘蔗。顾客自然欢喜，也不便再压价。他们既省去单独买小菜的麻烦，又觉得划算。慢慢地，我们的回头客也多了起来。

这种卖橘子赠小菜的方法，很快引起同行跟风和模仿。

在村集市卖了一段时间后，母亲觉得销售量太小，决定要去赶每隔两天一圩的乡镇集市。那里人流量大，肯定好卖得多。她把这个想法告诉父亲，父亲沉默许久后说了一句："只是那样你会更辛苦。"

从家通往镇上的七公里路，坑洼不平。拖拉机是唯一的交通工具，可是通常很难搭上。大多数时候，母亲走走歇歇，挑着百来斤的担子，要花三小时才能赶到镇上。我单独背一个洗净的化肥袋，帮助母亲分担橘子的重量。母亲总怕压着我，每次在家分装完毕后，都会亲自掂了又掂。"重不重，重不重？"她反复地问，然后让我背着走两步，才会放心地扎好袋子。

路途中，我们往往来不及避让前后来车，被糊一脸灰尘或泥水点子。

下雨天更惨。我们被溅一身泥是常有的事，脚一打滑就摔跤，后仰摔、跪地摔、俯卧撑式摔、脸贴地式摔……有几次摔倒后，我干脆一屁股坐在地上，放肆地对母亲赌气哭喊："我不要走了，不要走了。"每当这时，母亲就挑一块有碎石的地方把担子放稳，长叹一口气，责骂起来："死妮子，不做哪来的东西吃？"她一边骂，一边搀扶我从泥泞中爬起。

母亲脚下也不是那么稳当。因为打滑，有两次箩筐直接翻进路边的溪沟。自那以后，她会在布袋里备上一两套干净的衣裳，总是说："做买卖要穿得清爽干净，我们不是叫花子讨饭。"

我后来读书念到"蜀道难，难于上青天"时，总是不以为然。因为这世上最难走的路，我已经走过了。

镇上确实人多繁华，但卖橘子的也多，十里八乡的果农都拥过来赶集。

因为人流量大，问价试吃的顾客比村集市多出好几倍。幸亏母亲能说会道，我们的摊点总是围满了人。不管多忙乱的状况，母亲总能在关键节点给我丢来任务和叮嘱："找五块给穿红衣服的婶娘。""收这位高个儿帅哥十五块。""给这位年纪大的阿婆挑几个最甜的。""再多拿一个送这位姑娘，不用找钱了。""妮子，钱袋子收紧，别漏风了……"

有时卖完橘子，时间还早，母亲会让我拿出几元钱，去街头买两串糖葫芦。我们挑着空箩筐，吃着糖葫芦往家走。为了赶回家忙田间的农活儿，母亲总是脚下生风般迈着大步，而我要断断续续地小跑才能跟上。

听到母亲"嘶嘶嘶"地从牙齿间发出的声音，我便跑上前，看见母亲被糖葫芦酸出了眼泪，忍不住哈哈大笑起来。母亲也笑："好酸，好酸，过瘾，不困了，不困了。"

我笑出了眼泪，也听出了母亲笑语中无尽的疲惫。

三

有一次，我们遇到一对下乡吃喜酒的夫妻，两个人足足买了二十斤，还一个劲儿地跟母亲说："表嫂啊，在市里这么甜而且便宜的橘子真难遇到，碰到的还都死贵死贵的，差了足足一块钱。"母亲把这话听了进去。当天晚上，她和父亲商量，要不要把橘子拉到市里卖。

父亲不答应："你一不识字，二不认路，我上班又抽不得空，别折腾了。"

第二天，母亲却悄悄地挑着一百多斤橘子搭上了去往市里的班车。

那天，她回来得特别晚，没等父亲责怪唠叨，便兴奋地与我们说起在市里见到的各种新鲜好玩的东西。尤其是那碗一块钱的桂林米粉，母亲频频夸赞，却又心疼不已。她说："大半斤橘子才换一碗米粉，明明橘子更金贵。"

后来母亲又去了两次，一次为了赶上回镇里的末班客车不得不便宜批发，一次被执法人员查到未交摊位税，罚了18元。母亲回来算了一笔账，算上搭车、交税和赶车的仓促，始终是划不来的，便决定不再往市里跑。更重要的是，她一个人扛着一百多斤的橘子，上下车着实不易。

那时，我特别好奇，不识字的母亲如何有这般能耐，一个人往市里跑，还能找到贩卖水果的市场。母亲笑我："傻妮子，有嘴走遍四方，念书要开口，做生意要张嘴。"

我又问母亲："怕不怕？"

母亲说，她最害怕的是橘子卖不出去，卖不上好价钱。

那段日子全家最开心的事，莫过于母亲收摊回家后，一家人围着她数钱。看着母亲翻遍衣兜和裤兜，掏出钱的瞬间，我们颇有中大奖的感觉。

长年超负荷的劳作，让母亲的腿落下了关节疾病。每天晚上，我都在手上涂抹药水，拍打母亲的双腿。她咬着牙，闭着眼说："不够有力，再重点儿，打得痛才好得快。"

此后，父亲不准许母亲独自挑担赶集，除非能搭上拉货的车，不过这样的运气很少有。家里卖橘子的进度越来越慢了。休养的那段日子，母亲总是一瘸一拐地走到放橘子的屋里，嘴里念叨："剩下的这一堆还要卖到啥时候？你们啊，可真是不争气。"说着，她不停地拍打双腿。

四

年后，我们几个姐妹都顺利地报到上了学，没有拖欠一分钱的学杂费，让村里许多年年欠着学费上学的小伙伴羡慕不已。屋里还堆着两千来斤橘子，有的已经泛绿发霉。为了不让好橘子受到影响，母亲每天都会挑上好一会儿。

每天走出橘子屋，母亲都会提着一个装满烂橘子的红塑料桶，在堂屋坐上一会儿。她从桶里拣出一堆半坏半好的橘子，一个接着一个剥开，坏的部分掰开随手丢进桶里，嘴里吃着没坏的瓤，一边吃，一边说："真甜，真甜。"

橘子一直卖到五月中下旬。卖完那天，父亲去镇上买了很多母亲爱吃的菜，回来又亲自下厨烧了母亲最爱的酸辣汤。吃饭时，父亲一脸愧疚地对母亲说："今年的橘子批发价就算再贱也要卖掉，不能让人这么遭罪了。"

母亲笑着说："人活着哪有不遭罪的。"

我插嘴说："还是做猪好，不遭罪，吃饱了睡，睡醒了吃。"

母亲拿着筷子狠敲了我一下，一本正经地说："真是个傻娃子，做人遭了罪，但能享福；猪享了福，却要遭大罪啊。"

全家忍不住大笑起来，一口酸辣汤如鲠在喉，呛得我泪流满面。

我还记得，那年，我11岁，上小学六年级。

（摘自《读者》2022年第1期）

一滴泪掉下来要多久

顾晓蕊

那个深秋，我来到大山深处的一所中学支教。

看到四面漏风的校舍，我心里一阵酸楚，决意留下来，把梦想的种子播到孩子们的心田。事实远没有想象的那么简单，有个叫李想的孩子，就让我头疼。

我在讲台上念课文，抬头见他双目游移，明显是在走神。我的火气"腾"地冒上来，大声说："李想，我刚才读到哪儿了？"

同桌用胳膊捅了捅他，他这才醒觉过来，挠挠头说："读的什么？没听到啊。"班上学生哄堂大笑。

除了不认真听讲，他还和别人打架。黝黑的脸上经常挂彩，问他怎么回事，他却始终不肯说。

有一回，我看到几个孩子围着他挥拳乱打，边打边说："不信你不哭。"

他昂着头，泪水在眼眶里晃，愣是不让它落下来。我大喝道："为什么打人？"孩子们一哄而散，转眼没了踪影。

我走上前，想问他为什么挨打。他看了我一眼，转过身，歪歪跌跌地走了。一下子，我心里觉得很难过，他到底怎么了？他的童真哪里去了？

一个周末，我到他家走访。一进门，鼻子就酸了。破旧的土坯房，屋内光线昏暗。原来，他父母外出打工，家里只有他和爷爷。

"他父母出去多久了？经常回来吗？"我问。

老人叹着气说："他爹娘走了五年，很少回来。刚开始那会儿，他想起来就哭，躺在地上打滚儿，谁也哄不住。连哭了几个月，眼泪都流干了……"

他仍旧上课走神，我却不敢与他的目光对视。那目光望也望不到底，透着阵阵寒气，充满稚气的脸上有着与年龄不相称的忧郁和漠然。

又过了几个月。一天，听说他的父母回来了，还受了伤。

原来，他父母坐车回家，赶上下雨，山路湿滑，车翻进了沟里。幸好只是些外伤，他们在医院住了几天，便回了家。

我想去他家看看，路上，听见村民在议论："爹娘出去这么久，回来伤成那样，这孩子跟没事人似的。"作为老师，我的心像被什么东西揪了一下，有一种深深的挫败感。

走到院子里，爷爷正冲他发脾气："你这孩子，心咋就那么硬呢？看到爹娘遭了罪，你一滴眼泪都没有？"

李想倚着门框站着，默不做声。父亲接过话说："我们出去这些年，他感觉生疏了，这也怨不得孩子。"

母亲搂着他的肩膀说："这次出事后，我和你爹也想了，年后包片果园，不出去打工了。"他低下头，一颗亮晶晶的泪珠滚落下来，刚开始是小声啜泣，后来变成了号啕大哭。

我忽然明白过来，这些年来他有多孤单、多悲伤！所谓坚强，是因为没有一个能让他依靠着哭泣的肩膀。

第二天语文课上，他坐得直直的，听得很认真。下午是体育课，他跟别的孩子在草地上嘻嘻哈哈地玩闹。金色的阳光倾洒下来，他的脸上焕发着光彩，整个人都明亮了起来。

他沿着操场奔跑，轻盈得像一阵风。有同学喊："李想，你的衣服脏了，后面好几道黑印子。"他头也不回地说："俺娘——会洗的。""娘"这个字拖得老长，喊得格外响。

我不知道一滴泪掉下来之前，在他心里奔涌了多久。但我明白从现在开始，一个美丽的生命，如含苞待放的花蕾，变得鲜活生动起来。

（摘自《读者》2012年第12期）

冬夜里的 18 个红豆饼

曾世杰

亲爱的子扬、子安：

我希望这信没有教训人的意思，这不是我的习惯。但9月子扬上了大学后，我们之间好像愈隔愈远。子扬的手机总打不通；约好的时间，等不到子扬的电话；周末见面，分手时，我说，到了宿舍打电话回来哟，子扬也会忘了打。我从见面时的笑声、聊天、拥抱，知道我们的关系仍然亲密。我也知道子扬是因为忙碌，而没有太在乎"小细节"。从小子扬读书、运动都像拼命三郎，忙到忘了给老爸打电话，好像也并不令人意外。可是我很担心，这会不会是我的身教带给你的影响？

11月26日，妈妈周年追思礼拜的前3天，爸和刚认识的孙老师共用晚餐。他问起妈妈身患癌症的事。我谈到去年4月的一件小事时，突然哽咽得说不出话来——妈妈那时做完胃切除手术不到3个月，她告诉我："我这辈子还没去过阿里山呢！"

你们当然记得，第二天我们都请了假，驾着老车，开了几百公里的路，晚上8点住进了阿里山宾馆。第二天一早，我们先把妈妈留在宾馆，用厚厚的棉被把她裹在阳台的凉椅上看风景。父子三人先去逛神木群，找一条最省力的路，再回来接妈妈。我们在苍苍巨木下，扶着妈妈慢慢地走，走一点路就休息几分钟。

那天，看着雕镂着千年岁月的老树，我一直在想，它们对时间的丈量，一定和我们不一样。为什么人的生命会短到必须用"转眼成空，如飞而去"来形容呢？而在苦短的生命中，为什么我们可以矜夸的，就只有劳苦愁烦呢？

子安曾经问我："爸，你为什么上班这么久，回家还要工作？"我坐在电脑旁，屏幕上跑着"生命短暂，做重要的事"。我不知道怎么回答。我白天晚上都在备课、做研究或开会。我拿过好几次杰出教学奖及研究奖。我从来没有因为私事请假或调课。我总以自己在教学、研究、服务工作的专业投入及表现为荣，想要给你们兄弟做个榜样。但是，妈妈的突然离去，让我开始想，这算是好榜样吗？

妈妈比我看重家人在一起的时间。

我们一起在金针山上看过粉红樱花，夜里在卑南文化公园观萤，在杉原等待狮子座流星雨，还有所有全家大大小小的旅行，都是妈妈提议促成的，连最后一次阿里山之行也是。天热时，吆喝全家去吃两大盘超级芒果冰的是她；天冷时，从街上带回来热气腾腾的烤红豆饼，四溢的烤奶香味让家里填满了幸福感的，也是她。

2011年8月，妈妈说要全家去欧洲，我却因为要做暑假的补救教学培训，决定不去。你们从欧洲回来的3个月后，她被诊断出胃癌末期，我一

234·

直责怪自己，暑假干吗又排了工作？错过这次全家旅行，成了我终生的遗憾。

你们安慰我说，爸，这不能怪你，谁知道妈会生病呢？但这不是怪不怪的问题，而是很多事情一旦错过，就再也没有机会补救了。英文有个词很有意思——miss，它同时有错过和想念的意思，错过了，就成为遗憾，一辈子挂在心里念着。

前不久，我做了一个噩梦。梦里的你们还好小，我们全家去不知名的山溪玩。忽然，冰凉的深潭起了旋涡，把妈妈卷进去了，我们在岸边哭喊，妈妈还是失踪了。我带着大哭的你们回家，好不容易哄你们进入梦乡，我自己也昏昏欲睡时，才顿时想起，妈妈失踪了，我还没有报警。我从梦里惊醒，急着找电话报警，手机一亮，凌晨4点。

我渐渐地清醒，知道那只是一个梦，我松了一口气，想，妈妈过世将近一年了，不必报警了。我立刻又自责起来：怎么，太太死了，你反而松了一口气？

我知道这些都不合逻辑，但我还没有完全从这些负面思考中走出来，只好坐在床边怔怔地流泪。我一直相信，分离有好的分离，也有不好、不完全的分离。心里有亏欠，就会过不去，我不要你们重蹈我的覆辙。

子扬和子安，再亲爱的人，也会有生离死别。妈妈在你们十几岁就突然离开，也许我们可以学的，是要更珍惜每一个相处的时刻，不要错过每一个表达亲情的机会。我发现，这一年我的日常用语中，频次增加最多的一句话，就是"我爱你"。

妈妈过世后一个多月吧，一个好冷的晚上，子扬缩着脖子，骑脚踏车先回到家，提着一纸袋的红豆饼，说："那个摊子很久不见了，就忍不住多买几个。我买了9个，一人3个哦。"才过了几分钟，子安也骑着脚踏车回来了，居然也提了一纸袋9个红豆饼，他看见桌上的黄纸袋，说："你们……"就笑了出来。18个黄澄澄的饼，四溢的烤奶香味，让家里填满了幸福的感觉，就像妈妈在家一样。

我捧着饼，一口一口地吃着，听着你们彼此取笑。我的胃和我的心，一下子都温暖了起来。

这18个红豆饼的温暖，就是这封信想传达的。我希望我们的家，和以后你们结婚后的家，都常有这般的温暖。那样，等到真的要分离时，我们才不会因错过什么而留下遗憾。

懂得我的意思了吗？我要去睡了，明天，扬记得要打电话！爱你们哦。

爱你们的爸爸

（摘自《读者》2014年第6期）